职业教育新形态系列教材

U0180321

基于 Python 的从学习编程到解决问题

王玲　主编

電子工業出版社
Publishing House of Electronics Industry
北京 · BEIJING

内 容 简 介

本书分为两篇，用 Python 学习编程和用 Python 解决问题。

第一篇内容包括 Python 起步、Python 编程基础、Python 数据类型、程序流程控制、函数与模块、异常、文件。

第二篇主要内容包括班级信息管理系统、“贪吃蛇”游戏、网络爬虫、人脸识表、数据可视化，侧重 Python 的应用和实际程序开发。

本书可作为职业院校和应用型本科院校计算机类专业教材，也是 Python 爱好者的有益读本。

图书在版编目（CIP）数据

基于 Python 的从学习编程到解决问题 / 王玲主编 . —北京：电子工业出版社，2020.7
ISBN 978-7-121-39209-2

Ⅰ . ①基… Ⅱ . ①王… Ⅲ . ①软件工具—程序设计 Ⅳ . ① TP311.561

中国版本图书馆 CIP 数据核字（2020）第 116206 号

责任编辑：朱怀永
印　　刷：北京七彩京通数码快印有限公司
装　　订：北京七彩京通数码快印有限公司
出版发行：电子工业出版社
　　　　　北京市海淀区万寿路 173 信箱　邮编 100036
开　　本：787×1092　1/16　印张：19　字数：481 千字
版　　次：2020 年 7 月第 1 版
印　　次：2023 年 8 月第 6 次印刷
定　　价：53.80 元

凡所购买电子工业出版社图书有缺损问题，请向购买书店调换。若书店售缺，请与本社发行部联系，联系及邮购电话：（010）88254888，88258888。

质量投诉请发邮件至 zlts@phei.com.cn，盗版侵权举报请发邮件至 dbqq@phei.com.cn。

本书咨询联系方式：（010）88254609 或 zhy@phei.com.cn。

前　言

适合对象

- 职业院校计算机相关专业学生，可作为 Python 程序设计或者程序设计基础课程教材。
- 编程零基础学员，用于训练编程逻辑，学习 Python 语言，并认识 Python 经典应用的基本实现方法。
- 职业院校非计算机专业学生，想要快速掌握 Python 语言，进行 Python 经典应用领域的编程实现。
- 本科各专业学生，可作为编程通识课程的教材。

本书特点

全书语言通俗易懂，针对初学者对知识进行取舍，保证学习者能够学得懂、做得出。本书第一篇给出大量的程序案例，在程序中学习语法，在实际编程过程中引导学习者掌握 Python 语言，进行编程思维与编程逻辑训练。本书第二篇用具有一定规模的实际项目，引导学习者快速进入项目开发，对 Python 在不同领域的应用有实际的认识。

所有案例和实际项目均给出完整的参考源码，包括注释、分析、项目版本演进细节；所有习题均提供参考源码；程序和项目的动态分析、编码、调试过程，均提供教学视频，给予学习者最详尽的支撑。

学习方法

编程是一门实践技术，不要把学习重点放在记忆语法和编程接口上，要把重点放在程序的实现过程上。学习时要重在对知识进行系统的梳理和理解，不重在记忆，编程过程中遇到不会的语法或者接口问题，随时可以上网查询。初学者学习的根本是在实际编程过程中进行编程的思维与逻辑训练。

请在每章的基本知识学习基础上，面对每个编程需求，一定要先自行构思、自行调试实现，不要先看参考源码。就算先学习了参考源码，也一定要自行实现整个编程过程。对于没有给出参考内容的拓展需求，要积极去完成，以检验学习效果。并且，不要拘泥于参考源码，可以努力写出比参考源码更加完善的代码。

有些知识点，会在案例和实际项目的编程中用到，请练习通过实例去学习、利用互联网进行学习和释疑，习惯“边学边做”，实际的工作场景就是这样的。

致学员

- 知识点不用都记在脑子里，关键是想记也记不全。重点是理解并加以梳理，什么东西不记得，就针对问题随时上网查找。
- 编程中，用到的“东西”，不是都学过的。实际工作的时候，经常是要用不会的“东西”解决问题。请习惯利用互联网来学习和解决问题。
- 利用本书进行学习，当面对一个需求的时候，不要先看参考程序，要给自己机会去尝试。就算利用本书中的源码而完成了编程并通过，请一定从零开始，自己实现一遍。对于初学者，一个程序，做三遍，绝不算多。对每个程序或者项目，要尝试编写出比参考源码更完善的代码，并考虑增加更多需求使程序更加符合现实情况。在观看配套视频的时候，要注意编程的构思过程、调试过程。绝对不能在对参考源码不太理解的情况下，就照着输入计算机了，那不是程序员，而是打字员。

当你感觉到困难，说明你正在攀登。
当你熟悉了攀登，你就有机会体会乐趣，体会山顶的风景。

我们，一起加油！

致教师

- 本书主要包含了基本知识点的解释和程序案例，教师可以在知识点的梳理和理解方面给予学生帮助。
- 学生的编程习惯、编程规范，需要教师给予引导和示范。
- 本书包含所有程序的参考源码，但是有些动态的编程过程是不能在书面体现的，包括：面对需求，具体的分析构思过程；编程中出了错误，具体的调试过程；基本功能实现之后，拓展需求的实现过程。这些，都是教师可以给予学生帮助的地方。
- 程序案例中，会用到还没有学过的知识点，这并不是知识点顺序编排有误。这是为了锻炼学员的自学能力、利用互联网的学习能力、解决问题的能力，习惯“在用中学”的工作场景。对于初学者，教师可以在这个过程中给予协助和引导。
- 教师要通过经常性的检查与考核，保证学生的学习效果。

参考学时为 64 学时，其中讲授环节 32 学时，实践环节 30 学时，考试 2 学时。各部分的参考学时参见下面的学时分配表。

篇	章	主要知识点	学时分配	
			讲授	实践
第一篇 用 Python 学习编程	第 1 章　Python 起步	计算机语言的基本认识，Python 开发环境的下载安装，简单编程	2	2
	第 2 章　Python 编程基础	Python 编程的基本语法规定	2	2
	第 3 章　Python 数据类型	Python 3.0 的两种数据类型：数字类型和组合类型	6	6
	第 4 章　程序流程控制	分支结构、循环结构	4	6
	第 5 章　函数与模块	函数、模块的概念与编程	2	4
	第 6 章　异常	异常的概念与处理机制	2	
	第 7 章　文件	文件的概念与编程	2	2
第二篇 用 Python 解决问题	第 8 章　班级信息管理系统	tkinter 图形库的使用、Python 数据库编程	2	
	第 9 章　“贪吃蛇”游戏	面向对象编程初步、pygame 库的使用	4	8
	第 10 章　简单爬虫	网页技术基础、“爬虫”的概念、Request 库和 Beautiful Soup 库的使用	2	
	第 11 章　人脸识别	dlib 库、face_recognition 库的使用	2	
	第 12 章　数据可视化	Matplotlib 库的使用	2	

本书第二篇的第 8 章、第 10 章、第 11 章、第 12 章，由教师引导，学生自行完成学习与训练。

目　录

第一篇　用 Python 学习编程

第 1 章　Python 起步　3

1.1　认识计算机语言　3

1.1.1　低级语言和高级语言　3

1.1.2　解释类语言和编译类语言　4

1.2　了解 Python　4

1.2.1　Python 的历史　4

1.2.2　Python 主要应用领域　5

1.3　Python 编程环境的安装与配置　6

1.3.1　下载 Python　6

1.3.2　安装 Python　7

1.3.3　Python 集成开发环境 IDE　11

1.3.4　Python 集成开发环境 PyCharm　12

1.4　Python 编程起步　17

1.5　习题　19

第 2 章　Python 编程基础　20

2.1　程序语句与代码注释　20

2.2　基本输入／输出　21

2.2.1　基本输出　21

2.2.2　基本输入　23

2.3　代码缩进与代码块　23

2.4　语句续行与语句分隔　24

2.5　标识符与关键字　25

2.6 开始写程序 25
2.7 习题 27

第3章 Python 数据类型 28

3.1 变量 28
3.2 数据类型 29
3.3 数字类型 29
3.3.1 数字类型常量 29
3.3.2 数字运算 30
3.3.3 格式化输出 38
3.4 字符串类型 40
3.4.1 字符串常量 40
3.4.2 转义字符 40
3.4.3 原（raw）字符串 41
3.4.4 字符串的基本操作 41
3.4.5 字符串常用内置方法 44
3.5 列表类型 53
3.5.1 列表的基本特点 53
3.5.2 列表的基本操作 53
3.5.3 列表的常用内置方法 56
3.6 元组类型 63
3.6.1 元组的基本特点 63
3.6.2 元组的基本操作 64
3.6.3 元组的常用内置方法 66
3.7 集合类型 67
3.7.1 集合的基本特点 67
3.7.2 集合的基本操作 67
3.7.3 集合的常用内置方法 69
3.8 字典类型 71
3.8.1 字典的基本特点 71
3.8.2 字典的基本操作 72
3.8.3 字典的常用内置方法 74
3.9 习题 80

第 4 章 程序流程控制 83
4.1 分支结构——if 语句 83
4.1.1 if 语句的形式 83
4.1.2 if 语句案例 86
4.2 循环结构——while 语句 87
4.2.1 while 语句的形式 87
4.2.2 break 与 continue 语句 88
4.2.3 while 语句案例 89
4.3 循环结构——for 语句 90
4.3.1 for 语句的形式 90
4.3.2 for 语句案例 91
4.4 编程练习 92
4.5 习题 94
第 5 章 函数与模块 96
5.1 函数的概念 96
5.1.1 为什么需要函数 96
5.1.2 函数的概念 98
5.2 变量作用域 103
5.3 编程练习 107
5.4 内置函数 111
5.4.1 算术函数 112
5.4.2 数据类型转换函数 114
5.4.3 序列函数 116
5.4.4 对象操作 118
5.4.5 编译运行 119
5.5 模块 119
5.5.1 模块的概念 119
5.5.2 模块的导入 120
5.5.3 模块的 __name__ 属性 121
5.6 编程练习 122
5.7 习题 123

第6章 异常 124

6.1 异常的概念 124
6.2 异常处理机制 124
6.3 常见内置异常类型 126
6.4 主动引发异常 127
6.4.1 用raise语句引发异常 127
6.4.2 用assert语句引发异常 128
6.5 习题 129

第7章 文件 130

7.1 文件操作的基本步骤 130
7.2 打开文件 131
7.3 读写文件 131
7.4 关闭文件 134
7.5 对象序列化 134
7.6 编程练习 136
7.7 习题 141

第二篇 用Python解决问题

第8章 班级信息管理系统 145

8.1 需求 145
8.1.1 需求概述 145
8.1.2 功能流程 146
8.1.3 界面流程 146
8.2 功能实现版本1——主界面的实现 161
8.2.1 相关技术——Python内置的标准图形界面库tkinter 161
8.2.2 版本1的参考程序代码 162
8.2.3 版本1拓展功能要求 166
8.3 功能实现版本2——添加新学生 166
8.3.1 相关技术——tkinter图形界面实现和数据库编程 166
8.3.2 版本2的参考程序代码 181
8.4 功能实现版本3——显示所有学生 187
8.5 功能实现版本4——查找删除修改学生 188

8.6 功能实现版本 5——成绩录入 191
8.7 功能实现版本 6——成绩查询 194
8.8 拓展功能需求 197

第 9 章 “贪吃蛇”游戏 198

9.1 基本需求 198
9.2 功能实现版本 1——打开游戏窗口 199
9.2.1 pygame 基本使用 199
9.2.2 版本 1——“打开游戏窗口”的参考程序代码 211
9.3 功能实现版本 2——蛇的出现 212
9.3.1 面向对象入门——类和对象 212
9.3.2 版本 2 的参考程序代码 214
9.4 功能实现版本 3——蛇自动前行 216
9.5 功能实现版本 4——出现蛇身 218
9.6 功能实现版本 5——控制蛇转向和蛇撞墙检测 220
9.7 功能实现版本 6——食物出现和蛇吃食物处理 225
9.8 功能实现版本 7——蛇吃到自己身体和避免食物坐标出现在蛇身体上的处理 231
9.9 功能实现版本 8——两个食物 236
9.10 功能实现版本 9——两条蛇 240
9.11 拓展功能需求 248

第 10 章 网络爬虫 249

10.1 相关知识 249
10.1.1 概念 249
10.1.2 HTML 基础 253
10.1.3 网络爬虫 257
10.1.4 Requests 258
10.1.5 Beautiful Soup 260
10.2 爬虫实例 264
10.2.1 分析 265
10.2.2 下载网页 267
10.2.3 解析数据 268
10.2.4 翻页爬取 270

10.3 拓展方向 273

第 11 章 人脸识别 274

11.1 相关模块的安装 274
11.2 人脸识别相关案例 277
11.2.1 识别人脸特征 277
11.2.2 识别人脸边界 280
11.3 拓展方向 285

第 12 章 数据可视化 286

12.1 相关模块的安装 286
12.2 数据可视化相关案例 288
12.2.1 正弦余弦图形 288
12.2.2 条形图 288
12.2.3 饼图 290
12.3 拓展方向 291

参考文献 292

第一篇　用 Python 学习编程

本篇学习 Python 基本语法，通过大量编程练习，掌握 Python 基础编程方法，训练编程逻辑，为后续实际项目开发做准备。

本篇主要内容包括：

1. Python 主要应用领域，Python 编程环境的安装与配置。

2. Python 基本语法规定（包括语句、注释、基本输入 / 输出、缩进与代码块、续行与分隔、标识符与关键字）。

3. 数据类型（包括变量、数据类型、数字类型、字符串类型、列表类型、元组类型、集合类型、字典类型）。

4. 程序流程控制（包括分支结构、循环结构）。

5. 函数与模块（包括函数的概念、变量的作用域、内置函数、模块）。

6. 异常。

7. 文件和对象序列化。

第1章

Python 起步

本章课件

Python 是解释类的高级计算机语言。Python 2.0 和 Python 3.0 是两个有阶段性跨度、不完全兼容的版本，本书主要介绍的是 Python 3.0。Python 适用领域很广，越来越成为一门被广泛关注和应用的语言。

1.1 认识计算机语言

1.1.1 低级语言和高级语言

计算机所做的每个动作，都是按照已经编好的程序来执行的。程序是计算机要执行的指令的集合，而程序是用计算机语言来编写的。计算机语言可以分为低级语言和高级语言两种。

低级语言泛指机器语言和汇编语言。其中，机器语言是由 0 和 1 的代码构成；汇编语言用人类容易记忆的语言和符号来表示 0 和 1 的代码，如 ADD 表示加法等。低级语言的优点是执行速度快，但是，低级语言的代码可读性差，编写难度大。而且低级语言是和底层的操作系统和硬件直接相关的，对应不同的底层系统，需要编写不同的程序。低级语言现在只在很少的特殊场景中使用。当前，计算机程序基本都是用高级语言编写的。

高级语言使用类人类语言的语句形式，更接近于人的思维，相对于低级语言，高级语言编程容易，代码可读性好。使用高级语言编写的程序代码具有更高的可移植性，也就是说，仅需稍做修改或者不用修改，就可将一段代码运行在不同平台的计算机上。当前主要的编程语言都属于高级语言，比如，Java、C/C++、Python、C#、JavaScript、VisualBasic 等。

使用高级语言编写的程序在运行的时候，需要先将其转换成低级代码，计算机才能运行它。

1.1.2　解释类语言和编译类语言

计算机内部真正能够识别的指令都是二进制的 0、1 代码，程序员使用计算机语言编写的程序，首先需要转换为二进制机器代码，才可以被计算机运行。

计算机语言转换为机器代码的方式有两种。

（1）解释类语言：对于解释类语言，将源程序转换为机器代码的软件叫作“解释器”。解释器读取一行源程序，转换为机器代码，进行执行，然后再读取下一行源程序进行转换和执行，一直循环这个过程，直到程序结束。解释类语言，应用程序执行时不能脱离解释器，效率比较低，不能生成可以独立执行的可执行文件。但这种方式比较灵活，可以动态地调整、修改应用程序。Python、JavaScript、VBScript、Perl 等属于这种语言。

（2）编译类语言：对于编译类语言，将源程序转换为机器代码的软件叫作“编译器”。编译器将源程序整体转换为可以独立运行的二进制可执行文件（或者某种中间代码），可以脱离其语言环境独立执行，使用比较方便，效率较高。但是一旦需要修改，必须先修改源代码，再重新编译生成新的可执行文件，只有可执行文件而没有源代码，修改是不方便的。C/C++、Java、Delphi 等属于这种语言。

另外，也有特定的打包软件，将解释类语言的代码打包为可独立执行的程序。但是，总体来讲，使用打包程序生成的可执行程序，效率和性能还是低于编译类语言的程序。

1.2　了解 Python

1.2.1　Python 的历史

Python 由荷兰人 Guido van Rossum 于 1989 年底发明，第一个公开发行版于 1991 年发行。因为创始人喜欢当时的一个喜剧“大蟒蛇飞行马戏团”，这门计算机语言被命名为 Python（大蟒蛇的意思）。Python 的标志就是两条蟒蛇，如图 1-1 所示。

图 1-1　Python 的标志

2008 年，Python 3.0 版本诞生，在 2.x 版本上实现了一次大的飞跃。Python 2.7 版本是承接 Python 2.x 和 Python 3.x 版本特性的过渡版本。

目前，官方宣布将在 2020 年结束对 Python 2.x 系列版本的支持，由此，Python 3.x 系列版本有更大的发展空间。本书使用的是 Python 3.0 版本。

随着 Python 在人工智能、机器学习、数据科学分析、机器人智能设备及金融量化等新兴行业的应用，Python 的受关注度和应用度正在不断提升。

1.2.2 Python 主要应用领域

Python 拥有众多针对不同领域的程序库，使得 Python 应用很广泛，其主要应用领域如下。

1. 各种软件开发

Python 可以进行系统编程、图形处理、数据处理、文本处理、数据库编程、网络编程、Web 编程、多媒体应用、游戏软件、黑客编程。

2. 科学计算

Python 适合于做科学计算、绘制高质量的 2D 和 3D 图像。

3. 自动化运维

越来越复杂的信息技术业务和多样化的用户需求，不断扩展着 IT（Internet Technology）的应用，需要 IT 运维来保障服务能灵活、便捷、安全稳定地持续工作。Python 是自动化运维方面的首选语言。

4. 云计算

云计算技术提供计算资源共享池，用户可以按使用量付费，可以便捷地、按需地获得网络、服务器、存储、应用软件及服务。Python 是云环境下编程的被选语言之一。

5. Web 开发

Python 是网站开发的重要被选语言之一，能够快速搭建 Web 服务。

6. 网络爬虫

互联网拥有海量数据，“网络爬虫”是自动按照需要获取万维网数据的计算机程序，是大数据时代获取数据的重要工具。Python 是编写网络爬虫程序的主流语言之一。

7. 数据分析

在大量数据的基础上，结合科学计算、机器学习等技术，对数据进行清洗、去重、规格化和针对性地分析是大数据行业的基石。Python 是数据分析的主流语言之一。

8. 人工智能

Python 在人工智能领域内的机器学习、神经网络、深度学习等方面都是主流的编程语言，得到广泛的支持和应用。

Python 在越来越重要的数据科学和人工智能领域占据主导地位，拥有非常丰富的库，适用面很广，几乎可以用来完成任何领域的工作，并且，相对其他语言具有简洁易学的特点。Python 已经成为最重要、使用频率最高、最受欢迎的语言之一。

1.3 Python 编程环境的安装与配置

如果编程实现在计算机屏幕上输出一句"hello，world"，对于一般计算机，完全不知道计算机是如何运作的，不知道让显示器输出一个字符串需要做些什么。难道，要编写程序，首先需要了解计算机所有的运行原理及每个功能的实现细节，都需要程序员通过编写程序来完成吗？那么，面对当前复杂庞大的程序需求，编程就几乎成了不可能完成的任务。

其实，所有和底层实现相关的程序，以及经常会用到的一些功能的实现程序，都已经编写好了，放在一起，统称为库。当我们需要某个功能的时候，就不需要自己编写这些程序，而只需要按名称去引用库中的相应程序就可以了，同时我们也不需要知道这些程序是如何编写的。这样，大大降低了编程的复杂度，提高了编程的效率。

所以，开始编程之前，计算机上首先需要安装一些软件，这些软件中最大的一部分就是上文说到的"库"；除此之外，还有一些编程需要的工具软件，其中最重要的工具软件就是"解释器"。我们需要首先下载，然后安装这些软件。

1.3.1 下载 Python

要编写、运行 Python 程序，首先需要在计算机上安装包括 Python 解释器在内的若干具软件，还需要安装 Python 程序中会引用到的模块（库）等。这些软件用 Python 安装程序来安装。Python 安装程序可以在 Python 的官网（www.Python.org）下载。

Python 支持多种操作系统，本书是以 Windows 操作系统为例的。

网站的结构会不断地变化，在下载的时候，通过主要的关键字，就可以找到下载链接。主要的关键字如 Downloads、Windows、Python 3 等。

例如，根据以上关键字，找到当前最新版本 Python 3.7.3 的下载链接，如图 1-2 所示。

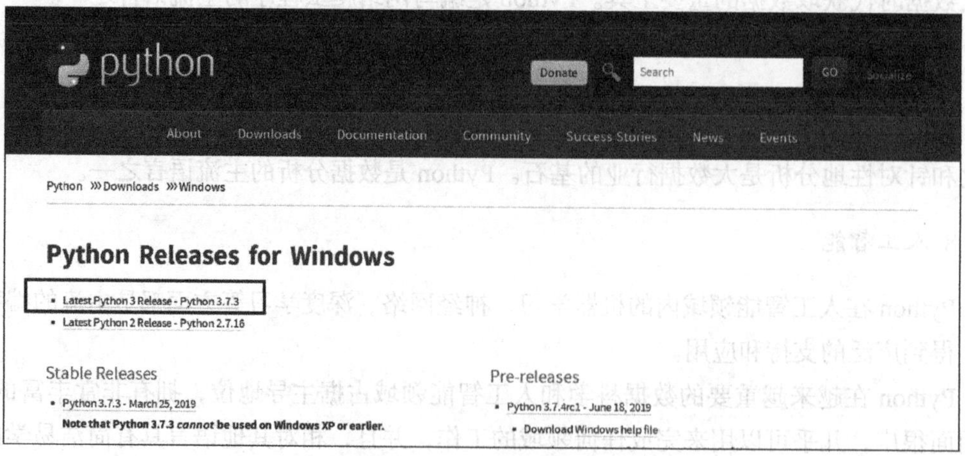

图 1-2 Python 官网下载界面

单击下载链接，进入下载文件列表，如图 1–3 所示。

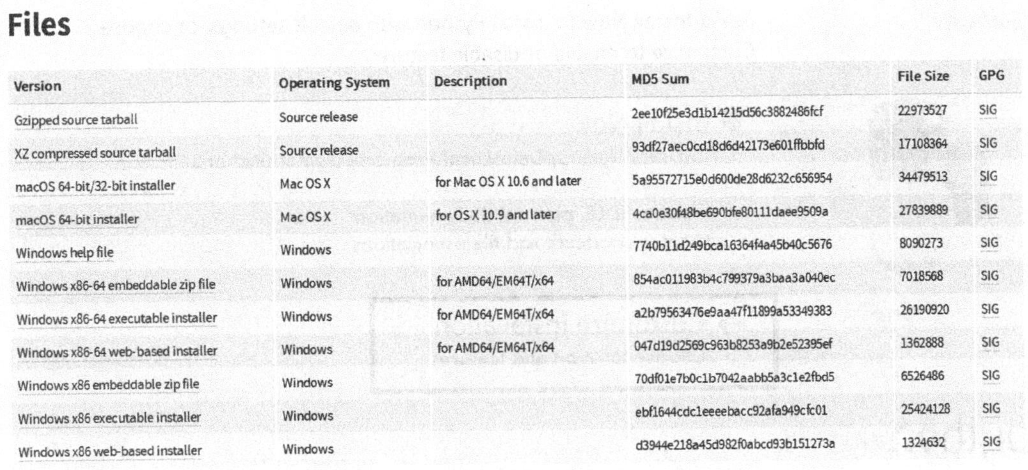
Files

Version	Operating System	Description	MD5 Sum	File Size	GPG
Gzipped source tarball	Source release		2ee10f25e3d1b14215d56c3882486fcf	22973527	SIG
XZ compressed source tarball	Source release		93df27aec0cd18d6d42173e601ffbbfd	17108364	SIG
macOS 64-bit/32-bit installer	Mac OS X	for Mac OS X 10.6 and later	5a95572715e0d600de28d6232c656954	34479513	SIG
macOS 64-bit installer	Mac OS X	for OS X 10.9 and later	4ca0e30f48be690bfe80111daee9509a	27839889	SIG
Windows help file	Windows		7740b11d249bca16364f4a45b40c5676	8090273	SIG
Windows x86-64 embeddable zip file	Windows	for AMD64/EM64T/x64	854ac011983b4c799379a3baa3a040ec	7018568	SIG
Windows x86-64 executable installer	Windows	for AMD64/EM64T/x64	a2b79563476e9aa47f11899a53349383	26190920	SIG
Windows x86-64 web-based installer	Windows	for AMD64/EM64T/x64	047d19d2569c963b8253a9b2e52395ef	1362888	SIG
Windows x86 embeddable zip file	Windows		70df01e7b0c1b7042aabb5a3c1e2fbd5	6526486	SIG
Windows x86 executable installer	Windows		ebf1644cdc1eeeebacc92afa949cfc01	25424128	SIG
Windows x86 web-based installer	Windows		d3944e218a45d982f0abcd93b151273a	1324632	SIG

图 1–3　Python 下载文件列表

根据操作系统的种类和安装文件的种类来选择安装文件。

比如，如果操作系统是 Windows 32 位，就选择 Windows x86 为前缀的安装文件，如果操作系统是 Windows 64 位，就选择 Windows x86-64 为前缀的安装文件。

Windows 操作系统下的安装文件有三种类型：embeddable zip file 是压缩文件（zip 文件），需要解压后再安装文件；executable installer 是可执行的安装程序（exe 文件），需要运行安装程序；web-based installer 是在线安装程序（exe 文件），需要运行安装程序，并联网完成安装。可根据需要选择安装文件的类型。

比如，对应 Windows 64 位的三种安装文件，下载的文件名分别形如：

Python-3.7.3-embed-amd64.zip；

Python-3.7.3-amd64.exe；

Python-3.7.3-amd64-webinstall.exe。

单击所选择的下载文件，就可以将安装文件下载到本地硬盘。

1.3.2　安装 Python

以可执行的安装程序为例，直接运行安装文件，进入图 1–4 所示安装界面。

有两种安装方式：Install Now（默认安装）和 Customize installation（自定义安装）。建议选择自定义安装方式，进入图 1–5 所示界面。

可以按照默认勾选所有安装选项，单击“Next”按钮，进入图 1–6 所示界面。

可以按照默认勾选高级安装选项，然后单击“Browse”按钮，选择 Python 安装的目录（建议，将 C 盘作为 Windows 系统盘，其他应用程序最好不要安装在 C 盘。目录名尽量反映安装的内容和版本，例如 E:\Python 37）。单击“Install”按钮，进入图 1–7 所示界面。

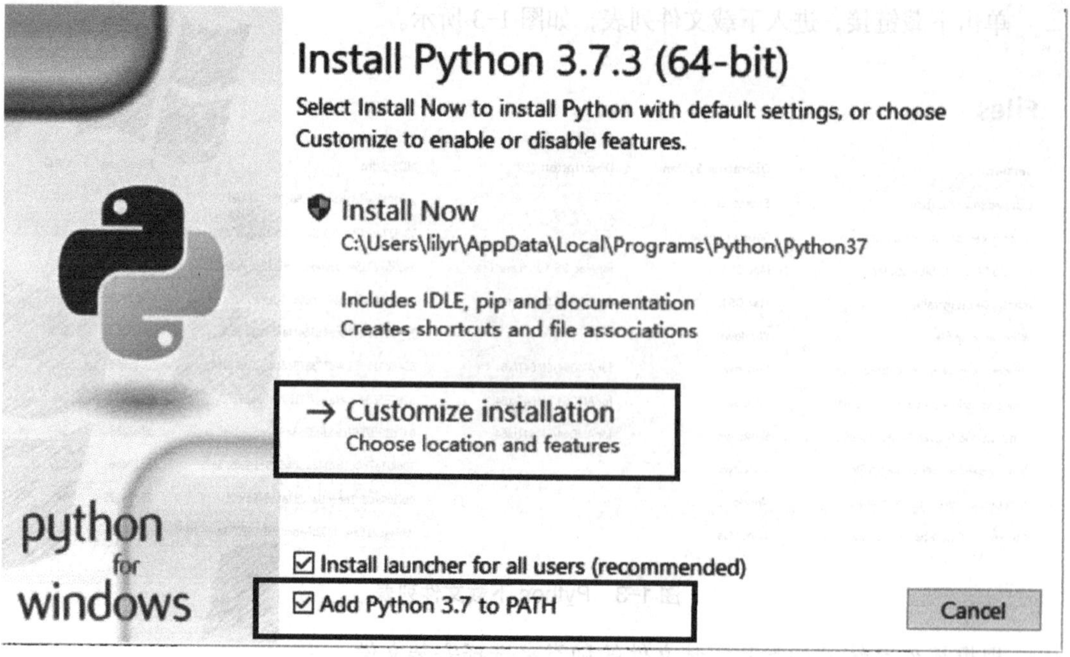

图 1-4　Python 安装——安装方式选择界面

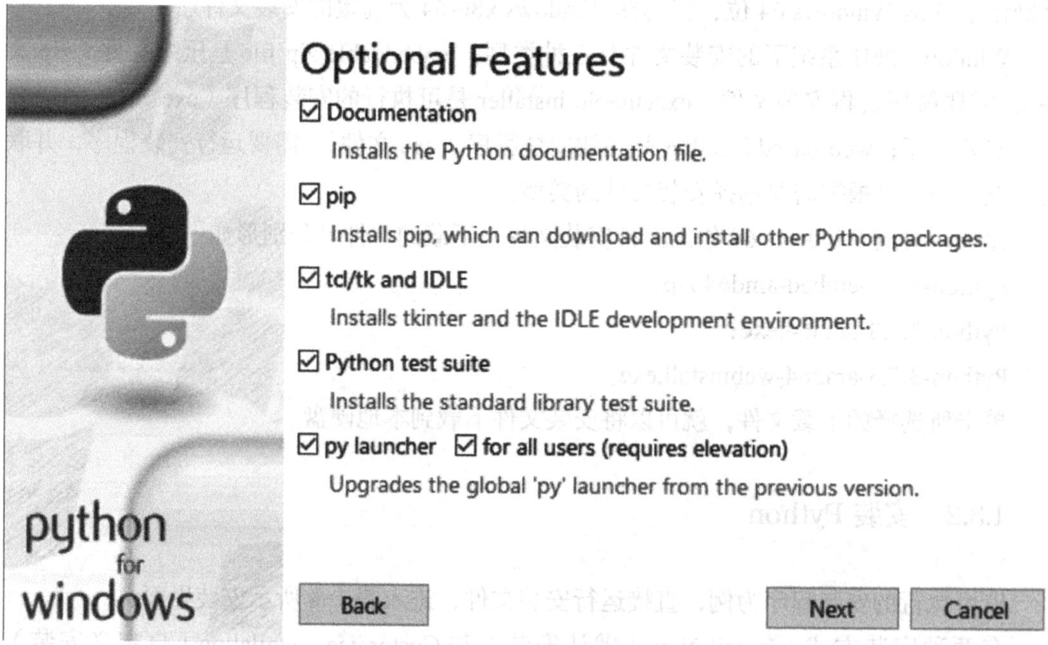

图 1-5　Python 安装——自定义安装界面

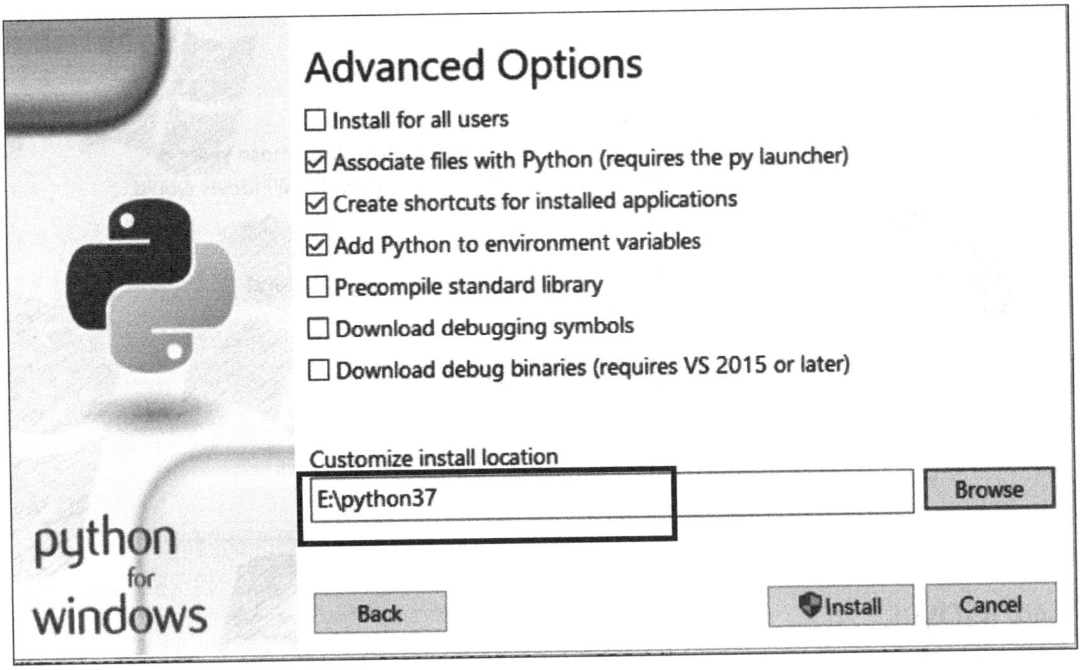

图 1-6　Python 安装——高级选项界面

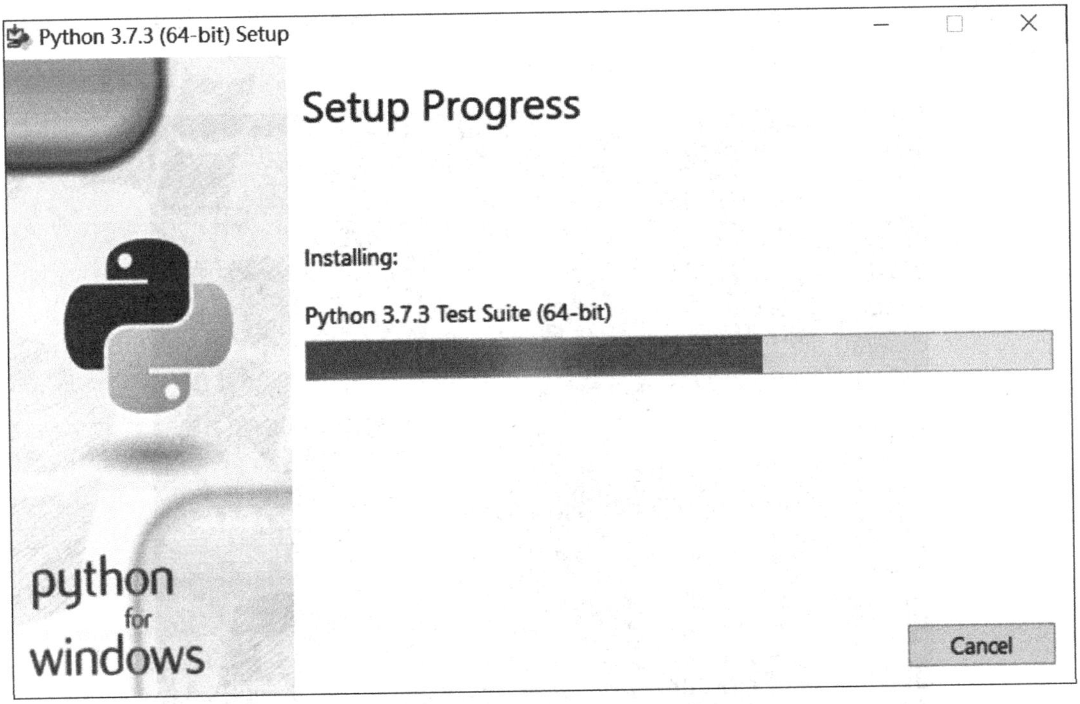

图 1-7　Python 安装过程界面

等待安装程序安装完成，进入图 1-8 所示界面。

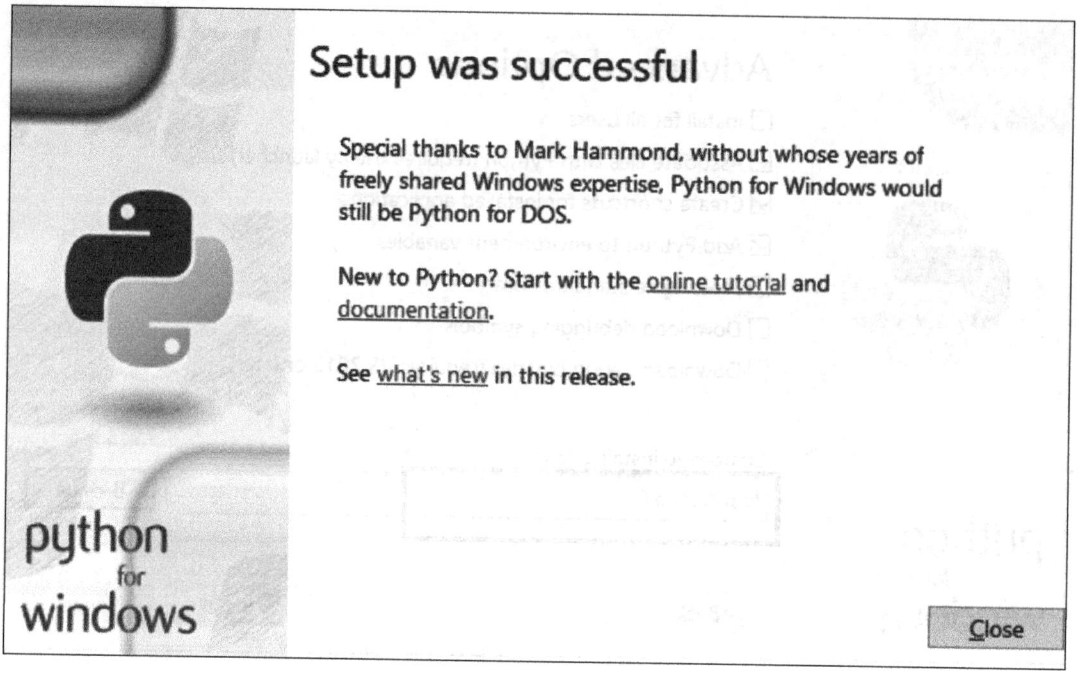

图 1–8　Python 安装成功界面

安装完成后，在 Windows 中打开“开始”菜单，在“Python 3.7”文件夹中可以看到 Python 相关程序菜单，包括 4 项，如图 1–9 所示。

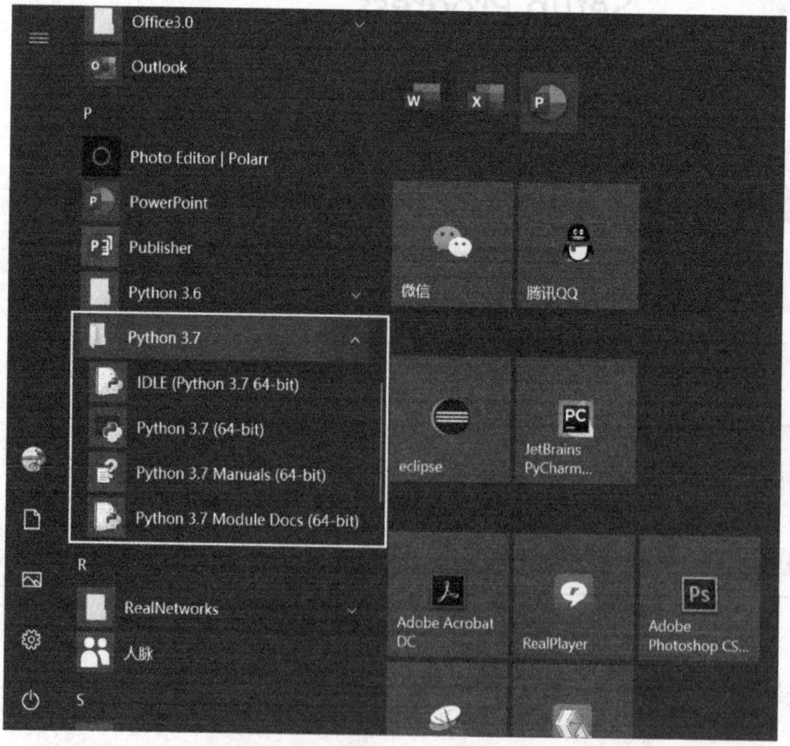

图 1–9　Windows 界面下 Python 运行程序菜单

- ➢ IDLE (Python 3.7 64-bit)：Python 自带的一种集成开发环境。
- ➢ Python 3.7 (64-bit)：相当于运行 Python.exe，打开 Python 命令行。
- ➢ Python 3.7 Manuals (64-bit)：Python 3.7 用户手册。
- ➢ Python 3.7 Module Docs (64-bit)：Python 3.7 HTML 版本模块文档。

现在就可以开始 Python 编程了，可以用某种编辑器编写程序，然后存盘。在 Python 命令行下运行写好的 .py 文件（Python 源程序的扩展名必须是 .py）。也可以在命令行下，一行一行地运行 Python 指令。

程序运行过程中，不可避免要对某些语句进行修改和调试，程序员一般情况下会在集成开发环境（IDE，Integrated Development Environment，也称为开发工具）下进行开发。集成开发环境，是将编辑、解释运行、调试、各种辅助开发工具集成在一起的，可以有效地提高开发效率。

Python 的集成开发环境有很多种，本书只介绍将会用到的两种：IDLE 和 PyCharm。其他的 Python 开发工具，大家可以自行去认识。

1.3.3　Python 集成开发环境 IDE

IDE 是 Python 自带的集成开发工具，单击 Windows“开始”→“Python 3.7”→“IDE(Python 3.7 64-bit)”命令，启动 IDLE，进入图 1-10 所示开发环境界面。

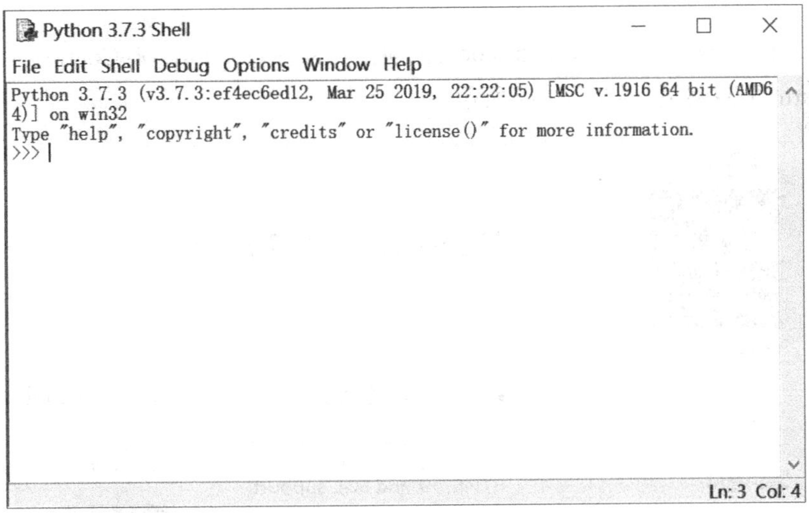

图 1-10　IDLE 集成开发环境界面

IDE 常见的操作如下。

（1）执行 Python 命令

在 IDE Python Shell 中，可以在命令行的方式下运行 Python 命令或者 Python 语句。“>>>”是 Python Shell 提示符，在提示符后面直接输入 Python 命令或者 Python 语句，然后按下“Enter”键，就会执行并显示执行结果。

（2）操作 Python 程序

- 在 IDE 菜单栏，单击“File”→“New File”命令，可以打开 IDE 编辑器，以编写 Python 程序。
- 编写程序完成后，在 IDE 菜单栏，单击“File”→“Save”命令，将程序存盘为文件。
- 在 IDE 菜单栏，单击“File”→“Open”命令，打开之前存盘的文件。
- 在 IDE 菜单栏，单击“Run”→“Run Module”命令，运行当前程序。

IDE 比较适合于学习过程中的逐个语句执行，或者小型项目。

1.3.4 Python 集成开发环境 PyCharm

PyCharm 是由 JetBrains 公司开发的一款 Python IDE，带有一整套可以帮助用户提高 Python 语言开发效率的工具，比如调试、语法高亮、Project 管理、代码跳转、智能提示、自动完成、单元测试、版本控制等。

需要先安装 Python，再安装 PyCharm。

1. 下载 PyCharm

在 jetbrains 官网（www.jetbrains.com），通过关键字 Python、PyCharm、Download 等打开 PyCharm 下载网页，如图 1-11 所示。

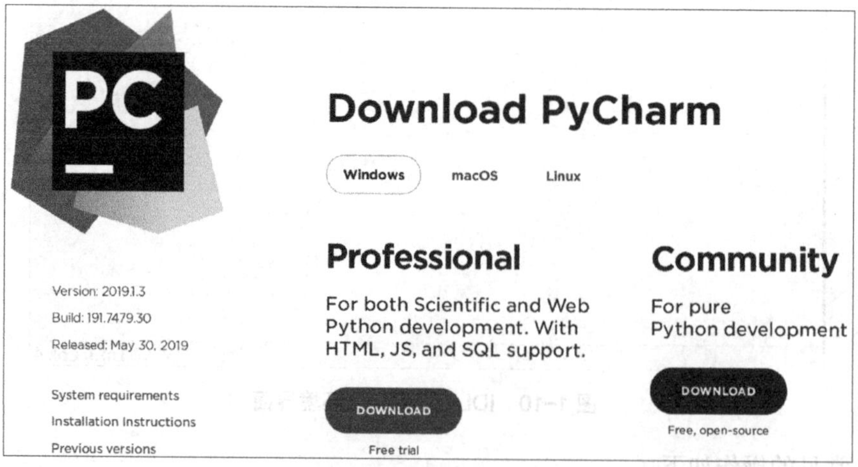

图 1-11　PyCharm 下载网页

PyCharm 提供 professional（专业版）和 community（社区版）两个版本，社区版是免费使用的，这里以社区版为例。单击“DOWNLOAD”按钮，下载 PyCharm 安装文件，文件名形如 PyCharm-community-2019.1.3.exe。

2. 安装 PyCharm

运行 PyCharm 安装文件并进行安装，进入图 1-12 所示界面。

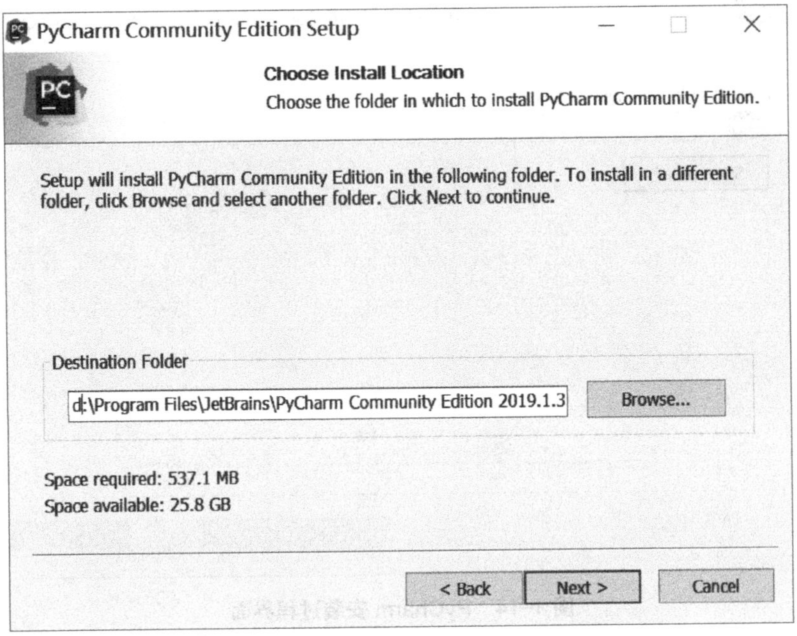

图 1-12　PyCharm 安装界面——设定安装目录

设置安装目录，单击“Next”按钮，进入图 1-13 所示界面。

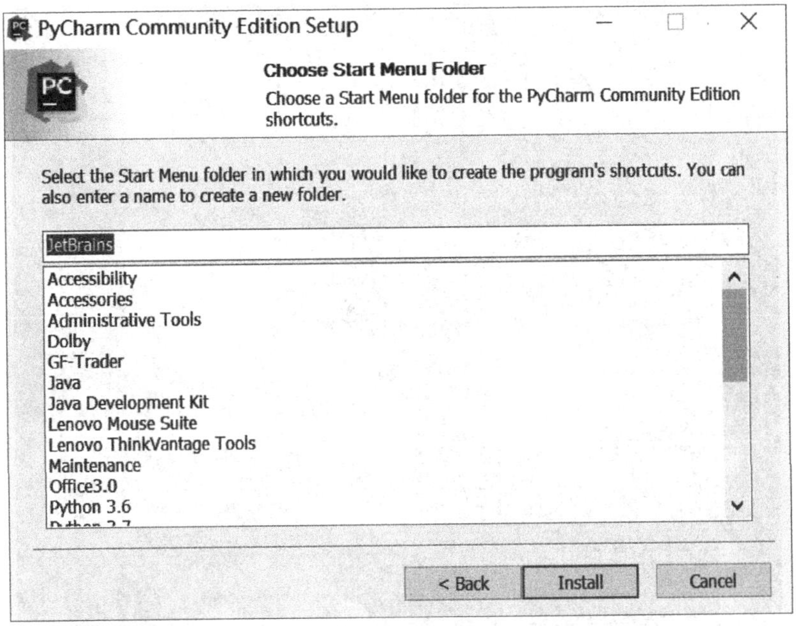

图 1-13　PyCharm 安装界面——设定程序菜单名称

默认 PyCharm 安装之后，在 Windows 操作系统下的程序菜单名称为“JetBrains”。单击“Install”按钮进行安装，进入图 1-14 所示安装过程界面。

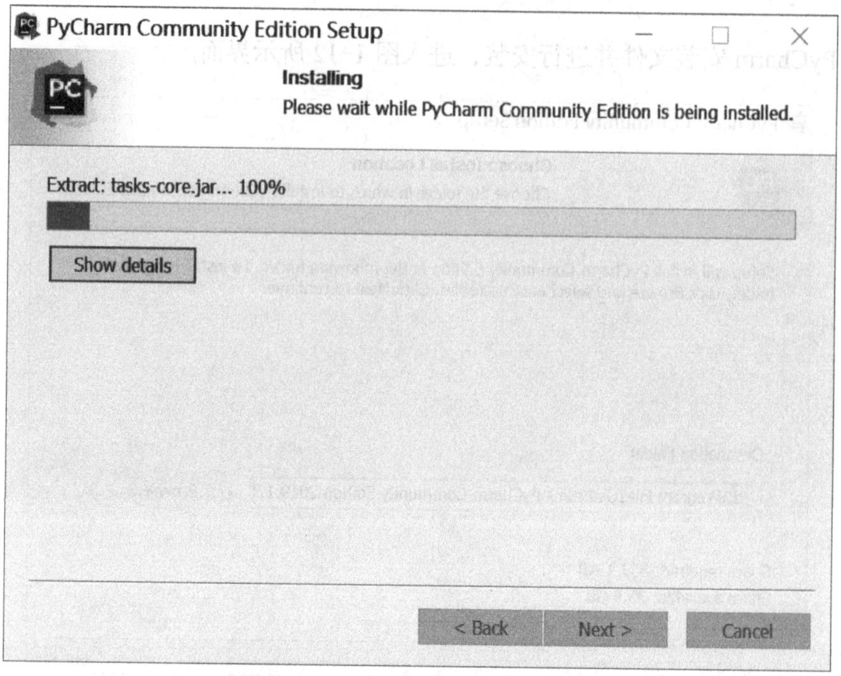

图 1-14　PyCharm 安装过程界面

安装完成之后，在 Windows“开始”程序菜单中，单击“JetBrains”→“JetBrains PyCharm Community Edition 2019.1.3”命令，如图 1-15 所示。

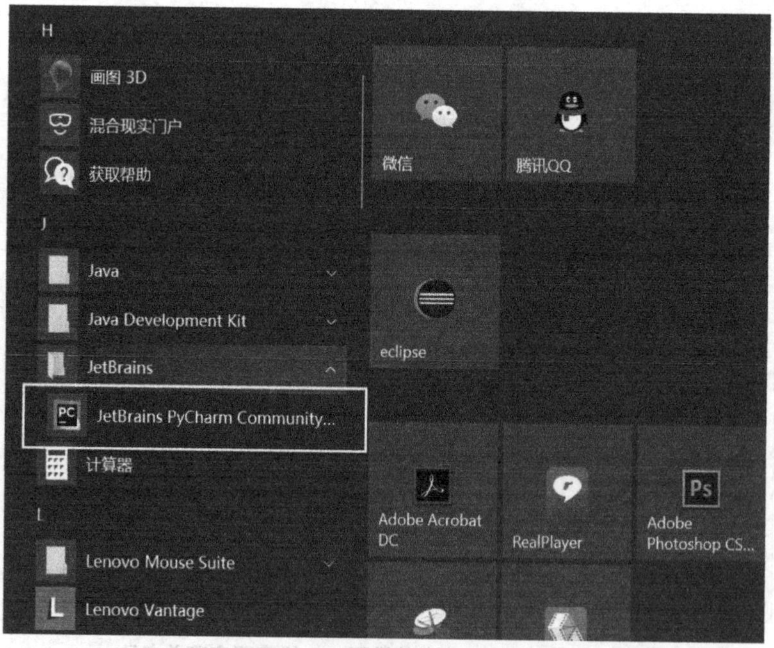

图 1-15　在 Windows 程序菜单中打开 PyCharm

打开 PyCharm 的主界面，如图 1-16 所示。

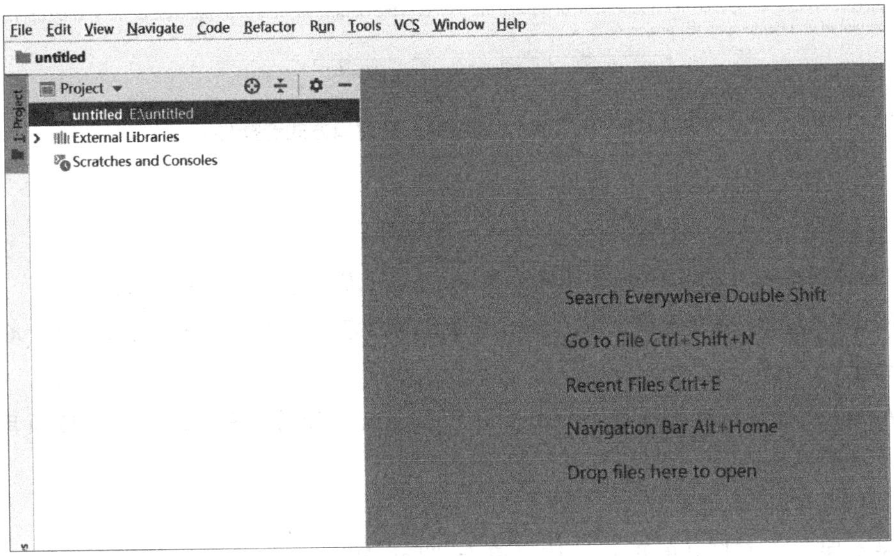

图 1-16　PyCharm 的主界面

3. 使用 PyCharm

创建新项目文件

对应视频：第 1 章 -1- 创建新项目文件 .mp4

单击“File”菜单→“New Project”命令，创建新项目，设定项目路径和项目名称，如图 1-17 所示。

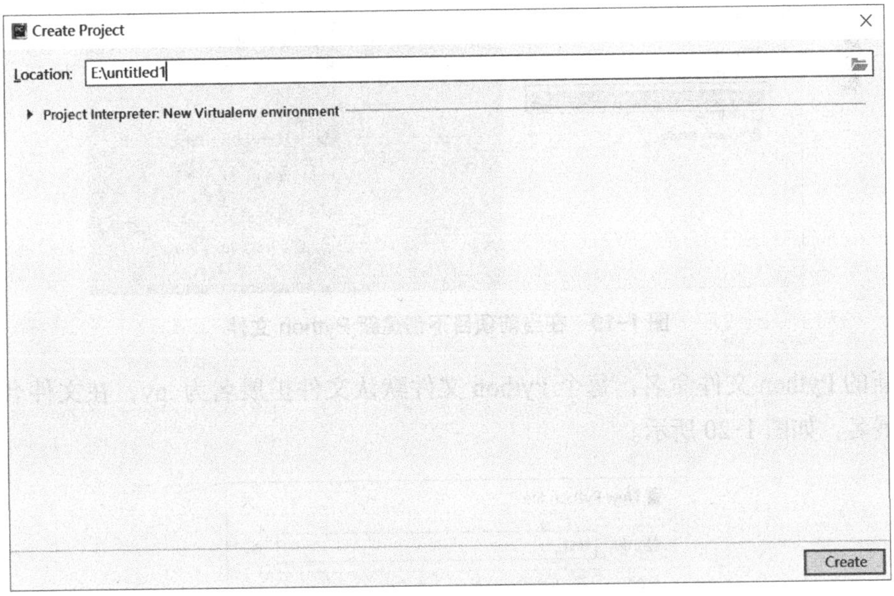

图 1-17　PyCharm 界面——创建新项目

单击“Create”按钮，创建新项目，系统弹出如图 1-18 所示界面。

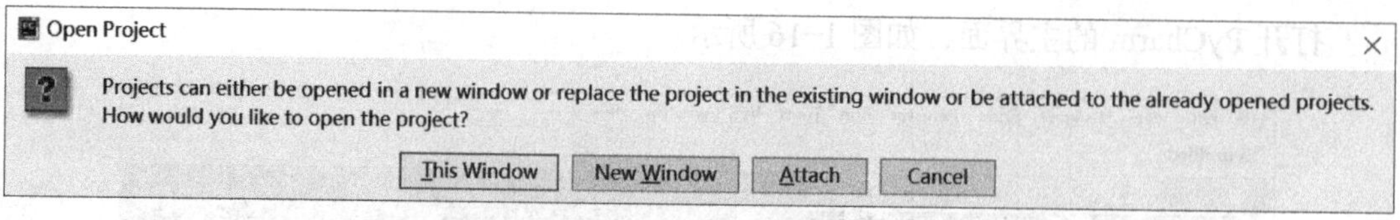

图 1-18　PyCharm 新项目打开窗口方式选择界面

图 1-18 所示界面中的三个按钮介绍如下。

- This Window：创建的新项目将替代 PyCharm 界面中原有的项目。
- New Window：保留原有的 PyCharm 界面中的内容，新项目在一个新打开的 PyCharm 界面中。
- Attach：将新创建的项目添加在当前 PyCharm 界面的项目列表中，保留项目列表中原有的内容。

如果不保留之前打开的项目，建议单击“This Window”按钮；如果要保留之前打开的项目，建议单击“New Window”按钮。接下来，会打开新创建项目的工作界面，单击“File”→“New...”命令，选择“Python File”，在当前项目下创建新的 Python 文件，所编写的程序语句都是保存在 Python 文件中的，如图 1-19 所示。

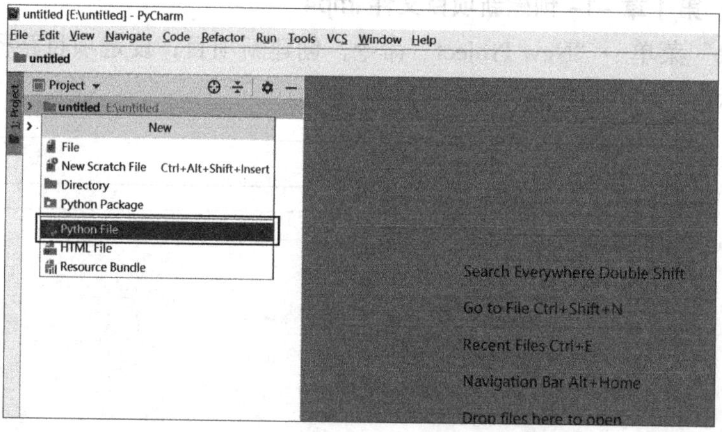

图 1-19　在当前项目下创建新 Python 文件

给新的 Python 文件命名，每个 Python 文件默认文件扩展名为 .py，在文件名中不用输入扩展名，如图 1-20 所示。

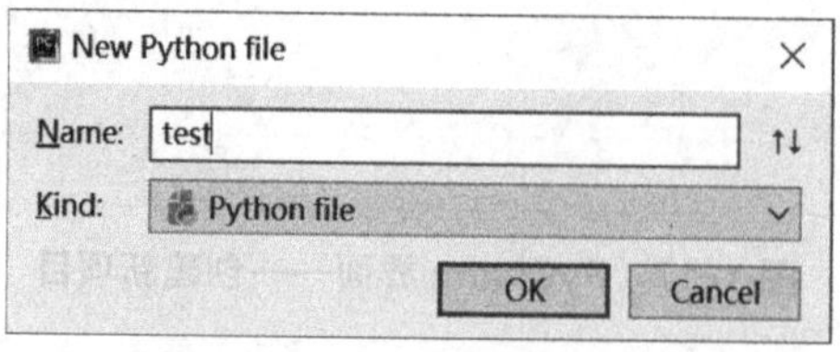

图 1-20　为新创建 Python 文件命名

单击“OK”按钮，即进入新的 Python 文件的编辑界面，就可以编写程序了。

当需要运行程序时，单击“Run”→“Run…”命令，如图 1-21 所示。

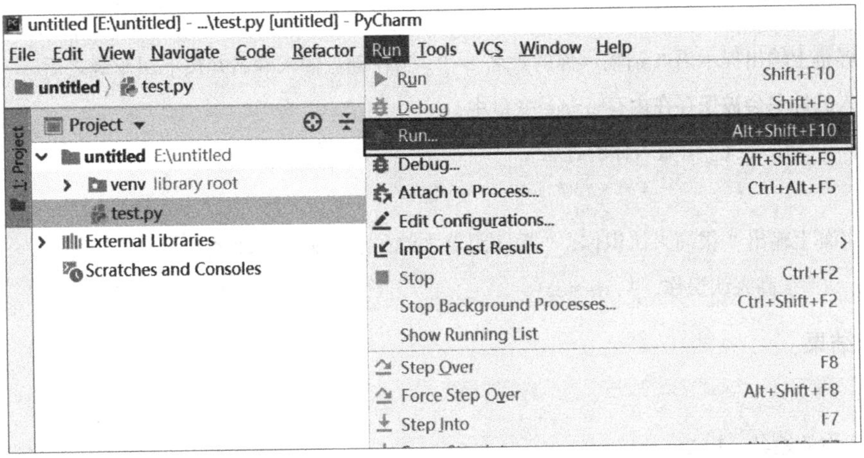

图 1-21　运行 Python 程序

在界面下部的控制台中可以看到运行结果，或者是程序运行错误提示。

1.4 Python 编程起步

请按照上述过程安装好编程环境，然后，按照下面的要求，我们开始编程了！

在 PyCharm 中创建一个新的项目，依次创建以下各个新的 Python 文件。按照下面练习题目要求输入程序源码，输入完成后运行程序。如果程序出错，请对照本书进行修改，直到运行成功。

输入程序源码时，请注意：

- 请不要输入以“#”开头的注释部分，注释部分将帮助你理解每个 Python 语句，计算机并不运行注释语言。现在，我们先不输入注释部分。同时不要输入行号。
- 下面程序中，只有在引号中可以输入中文，其他所有的字符都是英文字符（尤其注意引号、冒号、括号、逗号等要用英文字符）。
- 语句不是左边都对齐的，有些语句左边有缩进，缩进的地方，请按“Tab”键（不要用按多个空格键的方式实现缩进）。缩进的语句和前面没有缩进的语句之间有从属的层次关系。

练习一：打招呼

对应视频：第 1 章 -2- 练习一：打招呼 .mp4

```
# 在屏幕上输出 " 你好！ "
print(' 你好！ ')

# 在屏幕上输出提示语 " 请输入你的姓名 ： ", 当在键盘输入姓名并按下回车键之后
# 输入的姓名会被保存在内存 name 变量中
name = input(' 请输入你的姓名 ： ')

# 在屏幕上输出 " 很高兴认识你， " 后面跟着之前在键盘输入的姓名
print(' 很高兴认识你， ',name)
```

运行结果：

```
你好!
请输入你的姓名：lily
很高兴认识你，lily
```

练习二：按照性别打招呼

对应视频：第 1 章 –3– 练习二：根据性别打招呼 .mp4

```
# 在屏幕上输出提示语 " 请输入你的性别 ( 男 / 女 ) ： ",
gender = input(' 请输入你的性别 ( 男 / 女 ) ： ')

# 注意以下代码，必须按照如下进行每行前面的缩进，缩进代表着代码的从属层次关系
# 注意语句中的 ' 男 ', 必须用引号，因为这是一个字符串
# 注意要用 "==" 来代表 " 等于 "

if gender == ' 男 ':
    print(' 先生，你好！ ')
else:
    print(' 女士，你好！ ')
```

运行结果：

```
请输入你的性别 ( 男 / 女 ) ：男
先生，你好!
```

练习三：把所有的苹果吃完

对应视频：第 1 章 –4– 练习三：把所有的苹果吃完 .mp4

```
# 变量 apple 中保存当前苹果的个数 5
apple = 5

# 当 apple 的值大于 0，就循环运行冒号后面的两个语句，这两个语句是一个整体
# 当 while 后面的条件为真，就将这个整体运行一遍，不断循环
# 直到 while 后面的条件为假，循环停止
# 注意缩进，表示语句的层次关系

while apple > 0:
    print('我吃了一个苹果')
    apple = apple - 1

# 上面的循环停止之后，接着运行下面语句

print('吃完了！')
```

运行结果：

```
我吃了一个苹果
我吃了一个苹果
我吃了一个苹果
我吃了一个苹果
我吃了一个苹果
吃完了!
```

1.5 习　题

1. 按照 1.3 小节下载并安装 Python 运行环境。

2. 按照 1.4 小节编写并运行 Python 程序，修改可能出现的代码输入错误，直到程序运行成功。根据注释和运行结果，理解程序代码的语法含义。

第 2 章

Python 编程基础

本章课件

Python 编程的基本规定涉及代码注释、代码块、代码缩进、一行写多个语句、一个语句写多行、标识符和关键字等。

在掌握了 Python 编程的基本规定之后，就可以开始编写程序了。

2.1 程序语句与代码注释

用计算机高级语言写程序，某种程度上和用人类的语言写下要做的事情是相似的。下面创建一个新的 Python 文件，按照代码 2.1 输入。

请忽略以 # 开头和用三引号 ''' 包括起来的注释部分，只输入第 2、7、10 行。注意，只在引号之间输入中文，引号之外的字符都是英文字符。结合注释部分的说明及程序运行结果，理解三行语句的功能。

【代码 2.1】

```
1  # 在屏幕上输出 " 你好！ "
2  print(' 你好！ ')
3  
4  ''' 在屏幕上输出 " 请输入你的姓名 :"，当在键盘输入姓名并按下回车键之后，输入的姓名会被
5  保存在内存 name 变量中
6  '''
7  name = input(' 请输入你的姓名 : ')
```

```
8
9   # 在屏幕上输出 "很高兴认识你，", 接着输出 name 变量中的字符串
10  print('很高兴认识你，',name)
```

运行结果：

```
你好!
请输入你的姓名 : lily
很高兴认识你, lily
```

可以看到，程序是由若干语句组成的，每个语句都执行特定的功能。代码 2.1 中，第 2 行实现在控制台输出“你好！”字符串；第 7 行实现在控制台先输出“请输入你的姓名：”，用户看到这样的提示语之后，就在键盘输入，比如“lily”，程序将用户输入的“lily”读入计算机，并且保存在内存变量 name 中；第 10 行实现在控制台输出“很高兴认识你,”，后面是保存在 name 中的内容“lily”。

程序中有些语句，是一些说明性的内容，在执行的时候是被忽略的，这种语句叫作注释语句。语句的注释，对于提高程序的可读性是必要的。在调试程序的时候，可以将暂时不执行的语句加上注释，之后可以方便地恢复这些语句。

Python 中的注释有两种：一种是以“#”开头的单行注释，程序执行时“#”后面的内容会被忽略；另一种是用三个单引号或者三个双引号括起来的多行注释，两个三引号之间可以有多行内容，全部作为注释而在程序执行时被忽略。

2.2 基本输入 / 输出

2.2.1 基本输出

在代码 2.1 中，向控制台屏幕输出字符串，这个功能，是在底层库中已经有现成的代码，只需要直接调用就可以了。这样一段可以调用的代码，叫作一个函数，通过函数名去调用。向屏幕输出字符串的函数名为 print，调用的时候，将需要输出的字符串写在 print 后面的小括号中。写在小括号中传给函数的信息，叫作参数。注意，字符串要写在引号中（单引号、双引号、三引号都可以，三引号可以直接输出多行）。

Python 3.0 中，通过调用 print() 函数完成基本输出操作。print() 函数基本格式如下：

print([obj1,…][,sep=' '][,end='\n'][,file=sys.stdout])

1. 省略所有参数

没有参数的时候，print() 函数输出一个空行。例如：

```
>>> print()

>>>
```

2. 输出一个或者多个对象

输出多个对象的时候，多个参数用逗号隔开。默认输出的每个对象用一个空格分隔。例如：

```
>>> print(123)
123
>>>print(123,'abc',45,'book')
123 abc 45 book
```

3. 指定输出分隔符

输出多个对象时，分隔符默认是一个空格，可以用 sep 参数指定特定的分隔符。例如：

```
>>> print(123,'abc',45,'book',sep='##')
123##abc##45##book
```

4. 指定输出结尾符号

输出结尾符号默认是换行符，即输出结束的时候默认会换行，下次输出内容会在新的一行开始。可以用 end 参数指定特定的结尾符。例如：

```
>>>print('price');print('100')
price
100
>>>print('price',end='=');print('100')
price=100
```

5. 输出到文件

默认输出到标准输出流（即 sys.stdout），标准输出流默认是屏幕。可以用 file 参数指定输出到特定文件。要写入磁盘文件，需要先调用 open() 函数打开文件，并获得文件对象，写入结束之后，调用 close 函数关闭文件。例如：

```
>>>fw=open('data.txt','w')                    # 参数 'w'，指定以写出方式打开文件
>>>print(123,'abc',45,'book',file=fw)         #file 参数，指定输出到 fw 文件对象
>>>fw.close()                                 # 关闭 fw 文件对象
>>>fr=open('data.txt','r')                    # 参数 'r'，指定以读入方式打开文件
```

```
>>>content=fr.read()                    # 调用 read() 函数，将文件中所有内容读入
>>>fr.close()
>>>print(content)                       # 输出从文件读入的内容
123 abc 45 book
```

此时，会在当前目录下创建一个磁盘文件 data.txt，磁盘文件可以永久保存数据。

2.2.2　基本输入

input() 函数用于获得用户从键盘输入的数据。input() 函数基本格式如下：

变量 =input（['提示字符串']）

input 函数中的“提示字符串”首先显示在屏幕上，然后用户输入的字符串（用户输入以按下 Enter 键结束）被读入并赋值给变量。例如：

```
>>>info=input('请输入数据：')
请输入数据：'abc'123,456"Python"
>>>print(info)
'abc'123,456"Python"
```

注意，input() 函数读入的内容是字符串，如果是其他类型数据，需要做数据类型转换，int 用于转为整数类型，float 用于转为浮点类型。例如：

```
>>>age=input('请输入你的年龄：')
请输入你的年龄：20
>>>age+1
Traceback (most recent call last):
  File "<pyshell#1>", line 1, in <module>
    age+1
TypeError: must be str, not int
>>>int(age)+1
21
```

如上例，读入的“20”是字符串，字符串做加法 age+1 运算，出错了。将字符串 age 转换为整数类型再做加法 int(age)+1 运算，结果正确。

2.3　代码缩进与代码块

Python 用缩进来表示代码块。通常，语句末尾的冒号表示代码块的开始，见代码 2.2。

【代码 2.2】

```
1 height = input('请输入你的身高：')
2 height = float(height)
3 if height >= 140:
4     print('你身高超过 1 米 4！ ')
5     print('请买票进入！ ')
6 else:
7     print('你身高未超过 1 米 4！ ')
8     print('免票进入！ ')
```

第 3 行，如果 height 大于等于 140，执行第 4 和第 5 行，第 4 和第 5 行是一个代码块；如果 height 小于 140，就执行第 7 和第 8 行，第 7 和第 8 行也是一个代码块。同级的代码块，缩进要保持相同（如果缩进的空格数不同的话，可能会导致出错，或者得到意外的结果）。一般情况下，一个缩进是按一下 Tab 键或者对应 4 个空格。

2.4 语句续行与语句分隔

一般情况下，一个语句写一行，如果一个语句要写多行的话，有两种情况：

①括号中的内容分多行写（包括小括号（ ）、中括号［ ］、大括号 {}），括号中的空白和换行符是被忽略的。例如：

```
total = (1.24 - 3
+ 2*2)
print(total)
```

②如果换行不在括号中，要在换行处加入“\”，并且“\”之后不能有其他符号，包括注释。

```
total = 1.24 - 3 \
 + 2*2
print(total)
```

如果一行写多个语句，要用“；”分隔。例如：

```
print('你好！ ') ; a = 100
```

为了保持代码结构的清晰，建议，不是很必要的情况，不要将一个语句分多行，也不要将多个语句写在同一行。

2.5 标识符与关键字

程序由各种标识符组成，可以理解为构成文章的单词。标识符中，有一些是有特定语义的，比如 if、else 等，解释器会将这些标识符解释为特定的执行内容，这种标识符被称作关键字。另外的一些标识符，是程序员自己命名的，比如所有的变量名等。

Python 标识符命名规范：

①不能使用关键字命名。

②可以用字母、数字、下画线组成标识符，不能以数字开头。

例如：abc、a1、employeeId、count_of_class、_temp 都是合法的变量名，2abc、number$、int 等是不合法的变量名。

另外，首尾是一个下画线（例如 _name_、_doc_），这种变量通常是系统变量。以一个下画线开头（例如 _name）、以两个下画线开头末尾无下画线（__abc），这些形式的变量名，按照惯例是有特殊含义的，要慎用。

Python 对大小写敏感，temp 和 Temp 是完全不同的两个标识符。

可以用以下方法，查看 Python 所有的关键字：

```
>>> import keyword
>>> keyword.kwlist
['False', 'None', 'True', 'and', 'as', 'assert', 'break', 'class', 'continue',
'def', 'del', 'elif', 'else', 'except', 'finally', 'for', 'from', 'global', 'if',
'import', 'in', 'is', 'lambda', 'nonlocal', 'not', 'or', 'pass', 'raise', 'return',
'try', 'while', 'with', 'yield']
```

这些关键字，我们将在后续章节逐个学习它们的语义。

2.6 开始写程序

其实，简单的编程和说话很类似，按照下面代码编写两个程序，先不写注释部分。注意代码块的缩进，并理解其中关键字的语义。

1. 从键盘输入两个整数，在屏幕输出比较大的那个数

认识关键字 if 和 else，实现分支选择。

【代码 2.3】

对应视频：第 2 章 –1– 代码 2.3.mp4

```
# 在屏幕上输出 " 请输入一个整数: ", 从键盘输入字符串，转换为整数，存入 num1 变量
num1= int(input(' 请输入一个整数: '))

# 在屏幕上输出 " 请输入另一个整数: ", 从键盘输入字符串，转换为整数，存入 num2 变量
num2= int(input(' 请输入另一个整数: '))

# 注意以下代码中的缩进，缩进代表着代码的从属层次关系
if num1 >= num2:
      print(" 较大的数是 ",num1)
else:
      print(" 较大的数是 ",num2)
```

运行结果:

```
请输入一个整数: 12
请输入另一个整数: 45
较大的数是 45
```

2. 从键盘输入一个整数 n，屏幕输出一行 n 个星星

【代码 2.4】

对应视频：第二章 -2- 代码 2.4.mp4

```
# 在屏幕上输出 " 请输入星星的个数: ", 从键盘输入字符串，转换为整数，存入 count 变量
count = int(input(' 请输入星星的个数: '))

t = 0
while t<count:
    print('*',end='')              # 打印一个 "*", 取消结尾默认的换行
    t = t+1
```

3. 从键盘输入一个整数 n，屏幕输出 n 个星星，每行输出 3 个

【代码 2.5】

对应视频：第二章 -3- 代码 2.5.mp4

```
# 在屏幕上输出 " 请输入星星的个数: ", 从键盘输入字符串，转换为整数，存入 count 变量
count = int(input(' 请输入星星的个数: '))

t = 0                              # 打印个数计数器 t, 初值为 0
```

```
while t<count:
    print('*',end='')      # 打印一个"*"，取消结尾默认的换行
    t = t+1
    if t%3 == 0:            # 计数器t除以3的余数为0，就换行，%是取余的运算符
        print()
```

通过上面的练习，请自行完成下面每个习题的编程。

2.7 习　题

1. 从键盘输入一个整数，判断并输出它是正数、负数还是零。
2. 在屏幕上输出 100 个星星（每行一个星星）。
3. 在屏幕上输出 100 个星星（输出在一行上）。
4. 在屏幕上输出 100 个星星（每行输出 10 个）。
5. 在屏幕上输出 1 到 100 的所有自然数（每行输出 10 个）。
6. 从键盘输入两个数，屏幕输出两个数的和。

第 3 章 Python 数据类型

本章课件

程序主要就是对数据进行处理。内存中的数据，保存在变量中。变量数据类型不同，数据的存储方式和操作方式也会不同。

Python 3.0 的数据类型主要分为两大类：数字类型和组合类型。数字类型包括 int（整形）、float（浮点）、bool（布尔）、complex（复数）等；组合类型包括 string（字符串）、list（列表）、tuple（元组）、set（集合）、dictionary（字典）。

3.1 变　量

计算机 CPU 可以直接处理的数据，指的是内存中的数据。内存中的数据是通过“变量”来管理的。

变量本质上是内存中的一块空间，每个变量都有一个变量名，变量中保存的是实体对象的内存地址。在程序中可以通过变量来引用对象数据。所谓“对象”，就是某种类型的数据实例。

例如，赋值语句：

x=5

Python 执行这个语句的时候，其执行过程包含以下三个步骤。

第一：创建整数 5 的对象（内存中的一块空间，内容是整数 5）；

第二：检查变量 x 是否存在，若不存在，就创建 x，即为 x 分配一块内存空间；

第三：将对象 5 的地址存入 x 中。

变量和对象的关系如图 3-1 所示。

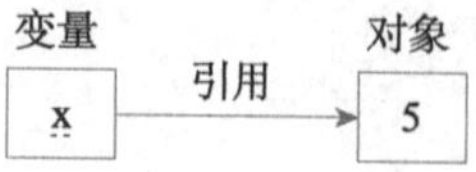

图 3-1　变量和对象的关系

对于 Python 中的变量，要注意以下几点：

（1）变量在第一次被赋值的时候被创建，再次出现的时候直接使用；

（2）变量是没有数据类型的，只有对象才有数据类型；

（3）变量中保存的是对象的地址，当在表达式中使用变量时，变量立即被对应的对象所取代。

（4）变量可以被多次赋值，第一次赋值之后的赋值，是用新对象的地址取代之前存入的对象的地址，例如：

```
a=2          # 创建变量 a 的空间，存入整数对象 2 的地址
a='hello'    # 变量 a 中存入字符串对象 hello 的首地址
```

3.2 数据类型

不同的数据对象有不同的数据类型，数据类型不同则存储方式就不同，运算方式也不同。在Python 3.0 中，数据类型被划分为如下 6 种，其中第 1 种是数字类型，后面 5 种属于组合类型。

① numbers：数字，数字类型是数值类型的合集，又细分为 int（整型）、float（浮点）、bool（布尔）、complex（复数）等类型。

② string：字符串。

③ list：列表。

④ tuple：元组。

⑤ set：集合。

⑥ dictionary：字典。

每种类型数据都有各自的特点和规则，下面会一一学习。

Python 是一种强定义类型语言，一旦指定了类型，就按照此类型的规则进行运算，不然，如果按照其他类型的规则运算，必须先将数据对象转换为其他类型。

3.3 数字类型

Python 3.0 的数字类型是一个数值类型的合集，具体又可以细分为 int（整型）、float（浮点）、bool（布尔）、complex（复数）等类型。

3.3.1 数字类型常量

1. 整型常量

整型常量就是不带小数点的整数，例如 123、−12、0、9999999999 等。整数理论上可

以无限大，只要内存空间足够。

一般地，常量都是十进制的。Python 中，整数常量可以分别用以下三种方式来表示二进制数、八进制数、十六进制数。

- 二进制数：以 0b 或 0B 开头，后面跟二进制数字（0 或 1）。例如：0b101、0B11。
- 八进制数：以 0o 或 0O 开头，后面跟八进制数字（0 到 7）。例如：0o14、0O123。
- 十六进制数：以 0x 或 0X 开头，后面跟十六进制数字（0 到 9，A 到 F，或者 a 到 f）。例如：0x12BA、0Xab9。

2. 浮点常量

浮点常量就是带小数点的数，如 12.5、2、3.0、1.23e+10、3.14E-10 等都是合法的浮点常量。

由于计算机存储浮点数的方式决定了浮点数只能保证一定的精度，所以两个浮点数是不能精确比较相等的（用“==”比较相等）。如果要比较两个浮点数是否相等，就比较二者的差的绝对值是否足够小。例如：比较浮点数 a 和 b 是否相等可以用 abs(a-b)<1.0e-9 。其中，abs() 是内置函数，用来求绝对值。

3. 布尔常量

布尔常量有两个值 True 和 False，分别表示逻辑真和逻辑假。

4. 复数常量

复数常量用“实部 + 虚部”表示，虚部以 j 或 J 结尾，如 2+3j、2-3J、2J 等。可以用 complex 函数来创建复数常量。例如：

```
>>> complex(2,3)
(2+3j)
```

3.3.2 数字运算

常用的数字运算符见表 3-1。

表 3-1 常用的数字运算符

运算符	说明
**	幂运算
~	按位取反
-	负号

续表

运算符	说明
* / % //	乘法、真除法、取模、floor 除法
+ –	加法、减法
>> <<	向右移位、向左移位
&	按位与
|	按位或
< > >= <= == !=	比较运算符
not and or	逻辑运算符
= %= /= //= –= += *= **=	赋值运算符

1. 计算优先级

按照表 3.1 中从上到下的顺序，运算符的运算优先级依次从高到低。如果有括号，括号的优先级最高。例如：

```
>>> 2+3*5
17
>>>(2+3)*5
25
>>>2*2**2
8
>>> a=1
>>> b=2
>>> a-b<1 or a/b>1
True
```

2. 计算过程中的自动数据类型转换

当不同数据类型的数字一起运算的时候，Python 总是先将简单类型转为复杂类型，运算结果是复杂类型。例如：

```
>>> 2+3.5 , type(2+3.5)                    # 用 type() 函数获得对象的数据类型
(5.5, <class 'float'>)
>>> 2+3.5+(2+3j) , type(2+3.5+(2+3j))
((7.5+3j), <class 'complex'>)
```

编程练习一：

需求：从键盘输入圆的半径，计算并输出圆的周长和面积；从键盘输入圆的周长，计算并输出圆的半径和面积；从键盘输入圆的面积，计算并输出圆的半径和周长。

【代码 3.1】

```
radius = float(input('请输入圆的半径：'))
len = 2 * 3.14 * radius
area = 3.14 * radius * radius
print('圆的周长：', len, '，圆的面积：', area)

len = float(input('请输入圆的周长：'))
radius = len / 2 / 3.14
area = 3.14 * radius * radius
print('圆的半径：', radius, '，圆的面积：', area)

area = float(input('请输入圆的面积：'))
radius = (area / 3.14) ** (1/2)      #** 是幂运算符，1/2 次方就是求平方根
len = 2 * 3.14 * radius
print('圆的半径：', radius, '，圆的周长：', len)
```

运行结果：

```
请输入圆的半径：1
圆的周长：6.28，圆的面积：3.14
请输入圆的周长：6.28
圆的半径：1.0，圆的面积：3.14
请输入圆的面积：3.14
圆的半径：1.0，圆的周长：6.28
```

3. 幂运算

幂运算符 ** 的左边是底数，右边是指数。例如：

```
>>> 2**3
8
>>> 4**0.5
2.0
>>> 2**(-2)
0.25
```

4. 真除法与 floor 除法

在 Python 3.0 中，/ 叫作真除法，无论操作数是什么类型，结果都是 float 类型。例如：

```
>>> 5/2
2.5
>>> 4/2
2.0
```

// 称为 floor 除法。x//y 的结果是不大于 x/y 的最大整数。当两个操作数都是整数时，结果为 int 类型，否则结果为 float 类型。例如：

```
>>> 5//2
2
>>> 5//-2
-3
>>> -5//2
-3
>>> -5//-2
2
>>> 5//2.0
2.0
>>> 5//-2.0
-3.0
>>> -5//2.0
-3.0
>>> -5//-2.0
2.0
```

5. 取余运算

取余运算符是 %，x%y 运算的结果是 x 除以 y 的余数，余数符号和 y 一致。当两个操作数都是整数时，结果为 int 类型，否则结果为 float 类型。例如：

```
>>> 5%2
1
>>> 5%-2
-1
>>> -5%2
1
>>> -5%-2
-1
```

```
>>> 5%2.0
1.0
>>> 5%-2.0
-1.0
>>> -5%2.0
1.0
>>> -5%-2.0
-1.0
```

另：在 Python 中，如果可以，尽量避免负数参与取余运算，有关负数参与取余运算的规定可以自行拓展。

编程练习二：

需求：从键盘输入一个三位整数，分别输出它的每一位数字。

分析：任意一个整数，除以 10 的余数，一定是个位数字；任意一个三位整数，除以 100 的商，一定是百位数字；任意一个数字，除以 10 的商，一定是原来的数字去掉了个位数字。

【代码 3.2】

```
n = int(input('请输入一个三位整数：'))
ge = n % 10
shi = n // 10 % 10
bai = n // 100
print('个位：', ge, '，十位：', shi , '，百位：', bai, sep='')
```

运行结果：

```
请输入一个三位整数：123
个位：3，十位：2，百位：1
```

6. 位运算

位运算符有 ~、&、^、|、<<、>>。位运算时是先将操作数转换为二进制数，再进行运算。

（1）~：按位取反

```
>>>~5      #5 的二进制形式为 0000 0101，按位取反为 1111 1010，即 -6
-6
>>>~-5     #-5 的二进制形式为 1111 1011，按位取反为 0000 0100，即 4
4
```

注意：注释中是将数的二进制简化为 8 位。在计算机内部，整数使用补码表示。

（2）&：按位与

两个操作数的二进制编码，按照相同位置的位进行与操作，两个位上都是 1，结果为 1，否则结果为 0。例如：

```
>>>4&5  #4 的二进制形式为 0000 0100，5 的二进制形式为 0000 0101，结果为 0000 0100
4
>>>-4&5 #-4 的二进制形式为 1111 1100，5 的二进制形式为 0000 0101，结果为 0000 0100
4
```

（3）|：按位或

两个操作数的二进制编码，按照相同位置的位进行或操作，两个位上有一个是 1，结果为 1，否则结果为 0。例如：

```
>>>4|5
5
>>>-4|5
-3
```

（4）^：按位异或

两个操作数的二进制编码，按照相同位置的位进行异或操作，两个位不相同，结果为 1，否则结果为 0。例如：

```
>>>4^5
1
>>>-4^5
-7
```

（5）<<：向左移位

x<<y 是将 x 按二进制形式向左移动 y 位，末尾添 0，符号位保持不变。向左移动 1 位，相当于乘以 2。例如：

```
>>>1<<2
4
>>>-1<<2
-4
```

（6）>>：向右移位

x>>y 是将 x 按二进制形式向右移动 y 位，符号位保持不变。向右移动 1 位，相当于除以 2。例如：

```
>>>8>>2
```

```
2
>>>-8>>2
-2
```

7. 比较运算

比较运算符有>、<、>=、<=、==、!=。比较运算的结果为逻辑值（True 或者 False）。例如：

```
>>>2>3
False
>>>2<3.0
True
```

8. 逻辑运算

逻辑运算是指对逻辑值进行的 and（与）、or（或）、not（非）操作。

Python 将以下的值都视为逻辑假，之外的视为逻辑真：

➢ None。

➢ False。

➢ 各种数字类型的 0，例如 0、0.0、（0+0j）等。

➢ 各种序列类型的空，例如''、[ ]、{}。

（1）and 逻辑与

x and y 是指如果 x 和 y 都为 True，结果为 True，否则为 False。当 x 为 False 时，y 不再计算，结果直接为 False。

（2）or 逻辑或

x or y 是指如果 x 和 y 都是 False，结果为 False，否则为 True。当 x 为 True 时，y 不再计算，结果直接为 True。

（3）not 逻辑非

not False 为 True，not True 为 False。

编程练习三：

模拟登录：注册用户名为 lilywang，注册密码为 123456。从键盘输入用户名和密码，如果用户名、密码分别和注册用户名、密码都相同，则显示“登录成功”；否则，显示“登录失败”。

【代码 3.3】

```
registName ='lilywang'
registPass = '123456'
```

```
username = input("用户名：")
password = input("密码：")

if registName ==username and registPass ==password:
        print('登录成功')
else:
        print('登录失败')
```

编程练习四：

循环猜整数：先保存一个确定的整数 *t*，循环从键盘输入一个整数，如果此整数比 *t* 大，就显示“猜大了”；如果此整数比 *t* 小，就显示“猜小了”；如果相等，就显示“猜中了”。如果没有猜中，就再猜一次，最多猜三次。

【代码 3.4】

对应视频：第 3 章 –1– 代码 3.4.mp4

```
t = 55                    # 被猜的整数
count=0                   # 次数计数器，初值为 0

while count<3:
    num = int(input("猜一个整数："))

    if num == t:
        print("猜中了！")
        break              # 退出循环
    elif num > t:
        print("猜大了！")
    else:
        print("猜小了！")
    count = count + 1
```

自行拓展：

为以上编程练习四添加功能：如果三次都没有猜中，则显示“只能猜三次，不能再猜了！”

对应视频：第 3 章 –2– 代码 3.4– 拓展 .mp4

9. 赋值运算

赋值语句用于创建变量，将对象的地址赋值给变量。Python 赋值有如下几种方法。

➢ 简单赋值，例如：

```
x=100
```

➢ 序列赋值，左边是多个变量或者序列，可以一次为多个变量赋值，按顺序一一匹配。例如：

```
>>>x,y=1,2
>>>x,y
(1,2)
>>>(x,y)=(10,20)            # 小括号括起来的是元组对象（元组是一种组合数据类型）
>>>x,y
(10,20)
>>>[x,y]=[30,'abc']         # 中括号括起来的是列表对象（列表是一种组合数据类型）
>>>x,y
(30,'abc')
```

➢ 增强赋值，将其他运算符和赋值符号结合，形如%=、/=、//=、-=、+=、*=、**=。例如：

```
>>>a=5
>>>a+=5          # 相当于 a=a+5
>>>a
10
```

3.3.3 格式化输出

在输出信息的时候，经常需要将一些字符串和一些变量的值以某种方式呈现，这就是格式化输出。在 Python 中可以用以下方式实现格式化输出。

1. 用 format() 函数实现格式化输出

在字符串中用 {} 作占位符，用 format() 函数中的参数来替代占位符，有如下三种替代方法：

①顺序替代，例如：

```
>>> "名字是：{}，年龄是：{}".format("tom",16,170)
'名字是：tom，年龄是：16'
```

②下标替代，例如：

```
>>> "名字是：{0}，年龄是：{2}".format("tom",16,170)
'名字是：tom，年龄是：170'
```

③变量替代，例如：

```
>>> "名字是：{name}，年龄是：{age}".format(name="tom",age=16)
'名字是：tom，年龄是：16'
```

2. 用 % 对各种类型的数据进行格式化输出

字符串中包含各种类型的占位符，在字符串后面使用 % 和一个元组，Python 会将元组中的数值依次替代字符串中的占位符，得到新的字符串。

Python 常用格式占位符见表 3-2。

表 3-2　Python 常用格式占位符

%d，%i	转换为带符号的十进制形式的整数
%o	转换为带符号的八进制形式的整数
%x，%X	转换为带符号的十六进制形式的整数
%e	转化为科学计数法表示的浮点数（e 小写）
%E	转化为科学计数法表示的浮点数（E 大写）
%f，%F	转化为十进制形式的浮点数
%c	格式化字符及其 ASCII 码
%s	使用 str() 函数将变量或表达式转换为字符串

例如：

```
>>> "His name is %s"%("Aviad")
His name is Aviad
>>>"He is %d years old"%(25)
He is 25 years old
>>> "His height is %f m"%(1.83)
His height is 1.830000 m
>>> "His name is %s.he is %d years old.His height is %f m" % ("David",20,1.70)
'His name is David.he is 20 years old.His height is 1.700000 m'
>>>"His height is %0.2f m"%(1.83)        #%0.2f 表示浮点数的小数点后面保留两位
His height is 1.83 m
>>> "His height is %5.2f m"%(1.83)       #%5.2f 表示浮点数的小数点后面保留两位
                                          # 整个浮点数占 5 位，右对齐，如果位数不够就在左边补足空格
'His height is  1.83 m'

>>> "His height is %-5.2f m"%(1.83)      #%-5.2f 表示浮点数的小数点后面保留两位
                                          # 整个浮点数占 5 位，左对齐，如果位数不够就在右边补足空格
```

```
'His height is 1.83  m'
```

3.4 字符串类型

字符串是一系列字符顺序排列而成的序列，用来表示文本数据。

字符串是不可变数据类型，不允许对字符串做修改。

3.4.1 字符串常量

- 单引号：'abc'、'123'、'#'。
- 双引号："abc"、"123"、"#"。
- 三个单引号或者三个双引号：（三引号字符串可以包含多行）

'''abc'''

'''first

second

'''

单引号字符串和双引号字符串没有区别，在单引号中可以嵌入双引号，双引号中可以嵌入单引号。例如：'123"abc'、"123'abc"。

3.4.2 转义字符

一些特殊的字符，不能直接写出来，比如换行字符、回车字符、笑脸字符等，可以用转义字符来表达。每个字符，都是以二进制编码形式（ASCⅡ码）存入计算机的，可以通过转义字符用ASCⅡ码表示字符。常用转义字符见表3-3。

表 3-3 常用转义字符

转义字符	说明
\n	换行
\t	水平制表（跳转到下一个 TAB 位置）
\\	代表一个反斜线字符 \
\'	代表一个单引号（撇号）字符
\"	代表一个双引号字符
\0	Null，空
\ooo	ooo 指的是八进制表示的 ASCⅡ码所代表的字符

续表

转义字符	说明
\xhh	hh 指的是十六进制表示的 ASCⅡ码所代表的字符

例如：

```
>>>x='\0\101\102'          # 字符串 x 中包含一个空字符，两个八进制 ASCⅡ码代表的字符
>>> x                      # 直接显示时，非打印字符用十六进制转义字符表示
'\x00AB'
>>>print(x)                # 用 print() 函数打印字符串
AB
>>>len(x)                  # 字符串的长度
3
```

3.4.3　原（raw）字符串

如果希望字符串中反斜杠之后的字符不要转义，原样输出，就可以在字符串前面加入 r 或者 R，这就是原字符串。例如：

```
>>>x='\101\102'
>>>print(x)
AB
>>>x=r'\101\102'           # 原字符串取消转义
>>>print(x)
\101\102
```

也可以在反斜杠 \ 前面再加一个反斜杠 \ 来取消转义。例如：

```
>>>x='\\101\\102'          # 取消转义
>>>print(x)
\101\102
```

程序中的文件夹路径字符串，就需要取消转义，不然就会出错。例如，文件夹路径字符串 c:\temp\note.txt，就必须写为 r "c:\temp\note.txt"，或者 c:\\temp\\note.txt，或者 c:/temp/note.txt。

3.4.4　字符串的基本操作

1. 求字符串的长度

可以用 len() 函数获得字符串中包含的字符个数（即求字符串的长度）。例如：

```
>>>len('hello')
5
```

2. 包含性判断

可以用 in 操作符判断字符串的包含关系。例如：

```
>>>x='hello'
>>>'he' in x
True
>>>'l' in x
True
>>>'12' in x
False
```

3. 字符串连接

可以用 + 将多个字符串按顺序合并成一个新的字符串。可用乘号运算符创建一个新的重复字符串。例如：

```
>>>'ab'+'12'+'hello'
'ab12hello'
>>>'12'* 3
'121212'
```

4. 字符串迭代

可以用 for 循环迭代遍历字符串。例如：

```
>>>for a in 'abc':print(a)        # 变量 a 依次引用字符串中的每个字符

a
b
c
```

5. 下标

字符串是有序的字符序列，按照从左到右的顺序，每个字符的下标依次为 0、1、2、…、len–1；按照从右到左的顺序，每个字符的下标依次为 –len、…、–2、–1。

可以通过下标来获得字符串中的每个字符。例如：

```
>>>x='abcdef'
```

```
>>>x[0]
'a'
>>>x[2]
'c'
>>>x[-1]                                    # 最后一个字符
'f'
>>> x[8]                                    # 下标越界会出错
Traceback (most recent call last):
  File "<pyshell#9>", line 1, in <module>
    x[8]
IndexError: string index out of range
```

6. 分片

分片是可以利用下标的范围，获得字符串中连续的多个字符（子串），分片的基本格式为：

字符串［起始下标：终点下标］

得到从起始下标开始到终点下标之前（不包含终点下标对应的字符）的子字符串。起始下标如果省略，默认为 0；终点下标如果省略，默认为字符串的长度。例如：

```
>>>x='abcdef'
>>>x[1:4]
'bcd'
>>>x[1:]                        # 默认分片的终点下标是字符串长度
'bcdef'
>>>x[:4]                        # 默认分片的起点下标是 0
'abcd'
>>>x[:-1]
'abcde'
>>>x[:]
'abcdef'
```

在默认情况下，分片取得的字符串是连续的，可以增加一个步长参数来跳过中间的字符。基本格式为：

字符串［起始下标：终点下标：步长］

步长默认为 1，取到的字符是按照步长跳跃的。例如：

```
>>>x='0123456789'
>>>x[1:7:2]                     # 步长为 2，代表每取 1 个字符，就跳过 1 个字符
```

```
'135'
>>>x[::2]
'02468'
>>>x[::-1]                    # 步长为负数，代表从右向左取
'9876543210'
>>>x[7:1:-2]
'753'
```

注意：字符串是不可变类型数据，不允许对其中的部分内容进行赋值。例如：

```
>>>x='0123456789'
>>>x[1]='a'
Traceback (most recent call last):
  File "<pyshell#23>", line 1, in <module>
    x[1]='a'
TypeError: 'str' object does not support item assignment
>>> x[1:4]='abc'
Traceback (most recent call last):
  File "<pyshell#24>", line 1, in <module>
    x[1:4]='abc'
TypeError: 'str' object does not support item assignment
```

7. 将数字类型转换为字符串类型

可以用 str() 函数将数字类型转换为字符串类型。例如：

```
>>>str(123)
'123'
>>>str(1.23)
'1.23'
>>>str(2+4j)
'2+4j'
```

3.4.5 字符串常用内置方法

Python 提供了一系列方法用于字符串对象的处理，内置方法就是在 Python 中安装的内置模块的方法，可以直接调用。字符串常用内置方法见表 3–4。

表 3-4　字符串常用内置方法

方法名	说明	举例
count(sub[start:end])	返回 sub 在字符串 [start:end] 范围中出现的次数，默认范围是整个字符串	>>>'abcabcabc'.count('ab') 3 >>>'abcabcabc'.count('ab',2) 2
endswith(sub[start:end])	判断字符串 [start:end] 范围是否以 sub 结尾，如果是，返回 True，否则返回 False。默认范围是整个字符串	>>>'abcabcabc'.endswith('bc') True >>>'abcabcabc'.endswith('b') False
startswith(sub[start:end])	判断字符串 [start:end] 范围是否以 sub 开头，如果是，返回 True，否则返回 False。默认范围是整个字符串	>>>'abcd'.startswith('ab') True >>>'abcd'. .startswith('ac') False
expandtabs(tabsize=8)	把字符串中的 tab 符号转为空格，tabsize 为空格的个数，默认为 8 个空格。tabsize 为 0 时，删除所有 tab	>>>x='12\t34\t56' >>>x.expandtabs() '12　　34　　56' >>> x.expandtabs(0) '123456'
find(sub[start: end])	查找在字符串 [start:end] 范围中，sub 第一次出现的下标，如果没有找到，则返回 –1。默认范围是整个字符串	>>>x='abcdabcd' >>>x.find('ab') 0 >>>x.find('ab',2) 4 >>>x.find('ba') -1
index(sub[start: end]])	查找在字符串 [start:end] 范围中，sub 第一次出现的下标，如果没有找到则产生 ValueError 异常。默认范围是整个字符串	>>>x='abcdabcd' >>>x. index ('ab') 0 >>>x. index ('ab',2) 4 >>>x. index ('ba') ValueError: substring not found

replace(old, new [max])	将字符串中的 old 替换成 new。如果指定了 max，则替换不超过 max 次	>>> x='ab12'*4
		>>> x
		'ab12ab12ab12ab12'
		>>> x.replace('12','000')
		'ab000ab000ab000ab000'
		>>> x.replace('12','00',2)
		'ab00ab00ab12ab12'

续表

<table>
<tr><th>方法名</th><th>说明</th><th>举例</th></tr>
<tr><td>split([sep],[maxsplit])</td><td>将字符串按照 sep 分拆，得到字符串列表。sep 省略时，默认用空格分拆。maxsplit 是分拆的次数
注："列表"是一种序列类型，见 3.5 节</td><td>>>> 'ab cd ef'.split()
['ab', 'cd', 'ef']
>>> 'ab,cd,ef'.split()
['ab,cd,ef']
>>> 'ab|cd|ef'.split('|')
['ab', 'cd', 'ef']
>>> 'ab,cd,ef'.split(',',maxsplit=1)
['ab', 'cd,ef']</td></tr>
<tr><td>join(seq)</td><td>seq 是一个以字符串构成的序列，将 seq 中的每个字符串以指定的顺序连接生成一个新的字符串</td><td>>>> '-'.join(['a','bc','d'])
'a-bc-d'</td></tr>
<tr><td>partition(str)</td><td>从 str 出现的第一个位置起，把字符串分成一个包含 3 个元素的元组（string_pre_str,str,string_post_str），如果字符串中不包含 str，则 string_pre_str 就是字符串。
注："元组"是一种序列类型，见 3.6 节</td><td>>>> 'China|Japan'.partition('|')
('China', '|', 'Japan')
>>> 'China|Japan'.partition(',')
('China|Japan', '', '')</td></tr>
<tr><td>isalnum()</td><td>如果字符串中至少有一个字符并且所有字符都是字母或数字，返回 True，否则返回 False</td><td>>>> '123'.isalnum()
True
>>> '123a'.isalnum()
True
>>> '123#asd'.isalnum()
False
>>> ''.isalnum()
False</td></tr>
<tr><td>isalpha()</td><td>如果字符串中至少有一个字符并且所有字符都是字母，返回 True，否则返回 False</td><td>>>> 'abc'.isalpha()
True
>>> 'abc@#'.isalpha()
False
>>> ''.isalpha()
False
>>> 'ab13'.isalpha()
False</td></tr>
<tr><td>isnumeric()</td><td>如果字符串中只包含数字字符，返回 True，否则返回 False</td><td>>>> '123'.isnumeric()
True
>>> '+123'.isnumeric()
False
>>> '12.3'.isnumeric()
False</td></tr>
</table>

续表

方法名	说明	举例

islower()	如果字符串中包含至少一个可区分大小写的字符，并且所有这些（可区分大小写的）字符都是小写，返回 True，否则返回 False	>>> 'abc123'.islower()
		True
		>>> 'Abc123'.islower()
		False

isupper()	如果字符串中包含至少一个可区分大小写的字符，并且所有这些（可区分大小写的）字符都是大写，返回 True，否则返回 False	>>> 'ABC123'.isupper()
		True
		>>> 'aBC123'.isupper()
		False

isspace()	如果字符串中只包含空格，返回 True，否则返回 False	>>> ' '.isspace()
		True
		>>> 'ab cd'.isspace()
		False
		>>> ''.isspace()
		False

lstrip([chars])	未指定 chars 时，删除字符串开头的空格符、回车符、换行符；指定 chars 时，删除字符串开头的包含在 chars 中的字符	>>> '\n\r abc'.lstrip()
		'abc'
		>>> 'abc123abc'.lstrip('ab')
		'c123abc'
		>>> 'abc123abc'.lstrip('ba')
		'c123abc'

rstrip([chars])	未指定 chars 时，删除字符串末尾的空格符、回车符、换行符；指定 chars 时，删除字符串末尾的包含在 chars 中的字符	>>> '\nabc \r\n'.rstrip()
		'\nabc'
		>>> 'abc123abc'.rstrip('abc')
		'abc123'
		>>> 'abc123abc'.rstrip('cab')
		'abc123'

strip([chars])	执行字符串中 lstrip([chars]) 和 rstrip([chars])	>>> '\r abc \r\n'.strip()
		'abc'
		>>> 'www.xhu.edu.cn'.strip('wcn')
		'.xhu.edu.'

swapcase()	将字符串中大写字符转换为小写字符，小写字符转换为大写字符	>>> 'abcDEF'.swapcase() 'ABCdef'
lower()	转换字符串中所有大写字符为小写字符	>>> 'This is ABC'.lower() 'this is abc'
upper()	转换字符串中的小写字符为大写字符	>>> 'This is ABC'.upper() 'THIS IS ABC'
capitalize()	将字符串的第一个字符转换为大写字符，其他字符为小写字符	>>>’ this is Python’ .capitalize() ‘This is python’

续表

方法名	说明	举例

rjust(width,[fillchar])	返回一个原字符串右对齐，并使用fillchar（默认空格）函数填充至长度width的新字符串	>>> 'abc'.rjust(8)
		' abc'
		>>> 'abc'.rjust(8,'0')
		'00000abc'

ljust(width[fillchar])	当字符串长度小于width时，在字符串末尾填充fillchar，使长度等于width，fillchar默认为空格	>>> 'abc'.ljust(8)
		'abc '
		>>> 'abc'.ljust(8,'=')
		'abc====='

zfill(width)	如果字符串长度小于width，则在字符开头填充0，使得字符串长度等于width。如果第一个字符为正号或者负号，则在正号或者负号之后填充0	>>> 'abc'.zfill(8)
		'00000abc'
		>>> '+12'.zfill(8)
		'+0000012'
		>>> '-ab'.zfill(8)
		'-00000ab'

注意，所有对字符串做修改的函数，都会返回一个新的字符串对象，原来的字符串对象并没有改变。如果需要改变原来的字符串变量，需要为它重新赋值。

例如：

```
>>> a = 'hello'
>>> b = a + 'world'
>>> b
'helloworld'
>>> a                                #a 并没有改变
'hello'
>>> c = a.upper()
>>> c
'HELLO'
>>> a                                #a 并没有改变
'hello'
>>> a = c                            # 为 a 重新赋值之后，a 就是新的值了
>>> a
'HELLO'
```

编程练习五：

需求：有一个字符串“apple lily summer peter lily puppy”，输出字符串中第一次出现“lily”的开始下标。

【代码 3.5】

```
names = "apple lily summer peter lily puppy"
who = "lily"
print(names.find(who))
```

拓展需求：如果在字符串中不存在“lily”，就输出“不存在 lily”。

编程练习六：

需求：有一个字符串“apple lily summer peter lily puppy”，输出字符串中出现的所有“lily”的开始下标。

【代码 3.6】

对应视频：第 3 章 –3– 代码 3.6.mp4

```
names = "apple lily summer peter lily puppy"
who = "lily"                      # 要查找的字符串
start = 0                         # 查找的起点下标
while True:                       # 永真循环
    loc = names.find(who,start)   # 从 names 的下标 start 开始，查找第一次出现 who 的下标

    if loc == -1:                 # 如果没有找到，退出循环
        break                     # 退出循环
    else:                         # 如果找到了
        print(loc)
        start = loc + len(who)    # 下次查找的起点下标，是这次的下标加查找字符串的长度
```

拓展需求：若字符串中根本没有“lily”，就输出“不存在 lily”。

对应视频：第 3 章 –4– 代码 3.6– 拓展 .mp4

编程练习七：

需求：用记事本编写一个文件 test.html，文件内容如下。

```
<u>
<b>my first web page.
</b>
</u>
```

用浏览器打开 test.html 文件，显示结果如下：

my first web page.

在网页文件中，写在 <b> 标签和 </b> 标签之间的部分要用黑体显示；写在 <u> 标签和 </u> 标签之间的部分要用下画线标识。

有一个网页文件字符串如下：

```
hello,this is the start:
<u>this is the title</u>
bye,this is the end.
```

其中包含带下画线标识的内容（在 <u> 和 </u> 之间的内容），编程输出网页中第一个标识了下画线的部分。

【代码 3.7】

对应视频：第 3 章 –5– 代码 3.7.mp4

```
info = '''
hello,this is the start:
<u>this is the title</u>
bye,this is the end.
'''
tag1 = '<u>'
tag2 = '</u>'
start = info.index(tag1) + len(tag1)
end = info.index(tag2,start)
print(info[start:end])
```

拓展需求：如果不包含带下画线的部分，就输出“不存在带下画线部分”。

对应视频：第 3 章 –6– 代码 3.7– 拓展 .mp4

编程练习八：

需求：一个网页文件字符串，其中包含若干有下画线的内容（在 <u> 和 </u> 之间的内容）。网页文件字符串内容如下：

```
this is a test:
<u> let us get all underlined string </u>
this is a very simple <u> internet worm  </u>
lets practice how to user string
```

编程输出所有标识了下画线的部分。

【代码 3.8】

对应视频：第 3 章 –7– 代码 3.8.mp4

```
text = '''
```

```
this is a test:
<u> let us get all underlined string </u>
this is a very simple <u> internet worm  </u>
lets practice how to user string
'''
head = '<u>'
tail = '</u>'

begin = 0
while True:
    start = info.find(head,begin)
    end = info.find(tail,start+ len(head))
    if start == -1 or end == -1 :
        break
    print(info[start+ len(head):end])
    begin = end + len(tail)
```

拓展需求：如果根本没有带下画线的部分，就输出“没有带下画线的部分”。

对应视频：第 3 章 –8– 代码 3.8– 拓展 .mp4

编程练习九：

需求：有一个网页文件字符串，其中包含有下画线的内容（在 <u> 和 </u> 标签之间的子字符串）。网页文件字符串内容如下：

```
hello,this is the start:
<u>this is the title</u>
bye,this is the end.
```

编程删除第一个标识了下画线的部分，输出删除之后的字符串。

【代码 3.9】

```
info = '''
hello,this is the start:
<u>this is the title</u>
bye,this is the end.
'''
tag1 = '<u>'
tag2 = '</u>'
start = info.index(tag1)
```

```
end = info.index(tag2,start)

info = info[:start] + info[end + len(tag2):]

print(info)
```

也可以用下面的方法实现。

【代码 3.10】

```
info = '''
hello,this is the start:
<p>this is the title</p>
bye,this is the end.
'''

tag1 = '<p>'
tag2 = '</p>'
start = info.index(tag1)
end = info.index(tag2,start)

newinfo = info.replace(info[start:end + len(tag2)],'')
print(newinfo)
```

编程练习十：

需求：一个网页文件字符串，其中包含若干有下画线的内容（从 <u> 到 </u> 的子字符串内容）。网页文件字符串内容如下：

```
this is a test:
<u> let us get all underlined string </u>
this is a very simple <u> internet worm  </u>
lets practice how to user string
```

编程删除所有标识了下画线的部分，输出删除之后的字符串。

【代码 3.11】

对应视频：第 3 章 -9- 代码 3.11.mp4

```
info= '''
this is a test:
<u> let us get all underlined string </u>
```

```
this is a very simple <u> internet worm  </u>
lets practice how to user string
'''
head = '<u>'
tail = '</u>'
while True:
   start = info.find(head)
   end = info.find(tail,start+len(head))
   if start == -1 or end == -1 :
         break
   info = info.replace(info[start:end+len(tag2)],'')

print(info)
```

拓展需求：如果根本没有带下画线的部分，就输出“没有带下画线的部分”。

对应视频：第 3 章 -10- 代码 3.11- 拓展 .mp4

3.5 列表类型

3.5.1 列表的基本特点

- 列表常量用方括号表示。例如［1，2，'hello'］。
- 列表中可以包含任意类型的对象，如数字、字符串、列表、元组等。
- 列表是有序序列，可以按照下标进行索引和分片。
- 列表是可变序列，可增加、删除成员，也可修改成员。
- 列表存储的是对象的引用，而不是对象本身。

3.5.2 列表的基本操作

1. 创建列表

```
>>>[]                # 创建一个空列表对象
[]
>>>list()              # 用 list() 函数创建一个空列表对象
[]
```

```
>>>[1,2,3]          #用同类型数据创建列表对象
[1,2,3]
>>>[1,2,'hello',[12,34],(1,'a')]     #用不同类型数据创建列表对象
[1,2,'hello',[12,34],(1,'a')]
>>>list('abcd')          #用可迭代对象创建列表对象
['a','b','c','d']
>>>list(range(-2,3))     #用连续整数创建列表对象
[-2,-1,0,1,2]
>>>list((1,2,3))       #用元组创建列表对象
[1,2,3]
>>>list(x+10 for x in range(5))     #用解析结构创建列表对象
[10,11,12,13,14]
```

2. 求列表长度

可以用 len() 函数获得列表长度。例如：

```
>>>len([])
0
>>>len([1,2,'hello',[12,34],(1,'a')])
5
```

3. 列表合并

可以用 + 合并列表。例如：

```
>>>[1,2]+['abc',20]
[1,2,'abc',20]
```

4. 列表重复

可以用 * 获得具有重复成员的列表。例如：

```
>>>[1,2]*3
[1,2,1,2,1,2]
```

5. 列表迭代

可以用 for 循环迭代遍历列表。例如：

```
>>> x=[1,2,'hello',[12,34],(1,'a')]
```

```
>>> for a in x:print(a)


1
2
hello
[12, 34]
(1, 'a')
```

6. 包含性判断

可以用 in 操作符判断对象是否属于列表。例如：

```
>>>1 in [1,2,3]
True
>>>'1' in [1,2,3]
False
```

7. 索引

和字符串类似，列表可以通过下标来索引。列表和字符串不同的是，可以通过索引对列表对象进行修改。例如：

```
>>>x=[1,2,['a','b']]
>>>x[0]
1
>>>x[2]
['a','b']
>>>x[-1]
['a','b']
>>>x[2]=100
>>>x
[1,2,100]
```

8. 分片

和字符串类似，列表可以通过分片获得列表中的部分对象的子列表，列表分片的相关规定和字符串分片一致。列表和字符串不同的是，可以通过分片进行列表成员的替换。例如：

```
>>>x=list(range(10))
>>>x
```

```
[0,1,2,3,4,5,6,7,8,9]
>>>x[2:5]
[2,3,4]
>>>x[2:]
[2,3,4,5,6,7,8,9]
>>>x[:5]
[0,1,2,3,4]
>>>x[2:7:2]
[2,4,6]
>>>x[7:2:-2]
[7,5,3]
>>>x[2:5]='abc'
>>>x
[0,1,'a','b','c',5,6,7,8,9]
>>>x[2:5]=[10,20]
>>>x
[0,1,10,20,5,6,7,8,9]
```

9. 删除成员

可以用 del 操作符删除列表中的指定成员或者分片。例如：

```
>>>x=[1,2,3,4,5,6]
>>>del x[0]
>>>x
[2,3,4,5,6]
>>>del x[2:4]
>>>x
[2,3,6]
```

3.5.3 列表的常用内置方法

1. 添加单个对象

用 append() 函数在列表末尾添加一个对象。例如：

```
>>>x=[1,2]
```

```
>>>x.append('abc')
>>>x
[1,2,'abc']
```

2. 添加多个对象

用 extend() 函数在列表末尾添加多个对象，参数为可迭代对象。例如：

```
>>>x=[1,2]
>>>x.extend(['a','b'])
>>>x
[1,2,'a','b']
>>> x.extend('abc')
>>> x
[1, 2, 'a', 'b', 'a', 'b', 'c']
```

3. 插入对象

用 insert() 函数在列表指定位置插入对象。例如：

```
>>>x=[1,2,3]
>>>x.insert(1,'abc')
>>>x
[1,'abc',2,3]
```

4. 按值删除对象

用 remove() 函数删除列表中的指定值，如果有重复值，则删除第一个。例如：

```
>>>x=[1,2,2,3]
>>>x.remove(2)
>>>x
[1,2,3]
```

5. 按位置删除

用 pop() 函数删除指定位置的对象，如果省略位置则删除最后一个对象，同时返回删除对象。例如：

```
>>>x=[1,2,3,4]
>>>x.pop()
```

```
4
>>>x
[1,2,3]
>>>x.pop(1)
2
>>>x
[1,3]
```

6. 删除所有对象

用 clear() 函数删除列表中的全部对象。例如：

```
>>>x=[1,2,3]
>>>x.clear()
>>>x
[]
```

7. 复制列表

```
>>>x=[1,2,3]
>>>y=x                  # 将 x 中的引用赋值给 y,x 和 y 指向相同的地址
>>>y
[1,2,3]
```

复制列表内存分配示意如图 3-2 所示。

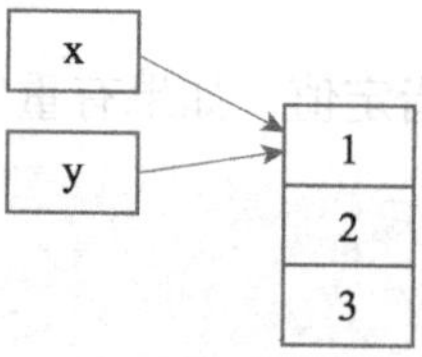

图 3-2　复制列表内存分配示意图

例如：

```
>>>x[1]=1               # 改变 x 列表的内容
>>>x
[1,1,3]
>>>y                    #y 和 x 实际是同一个列表
[1,1,3]
```

用 copy() 函数进行列表对象浅复制（只复制列表对象的第一层）。例如：

```
>>> x=[1,2,['a','b']]
>>> y=x.copy()          # 重新创建一个列表空间，将 x 中的引用赋值给 y，但是只复制第一层
>>> y
[1, 2, ['a', 'b']]
```

列表浅复制内存分配示意如图 3-3 所示。

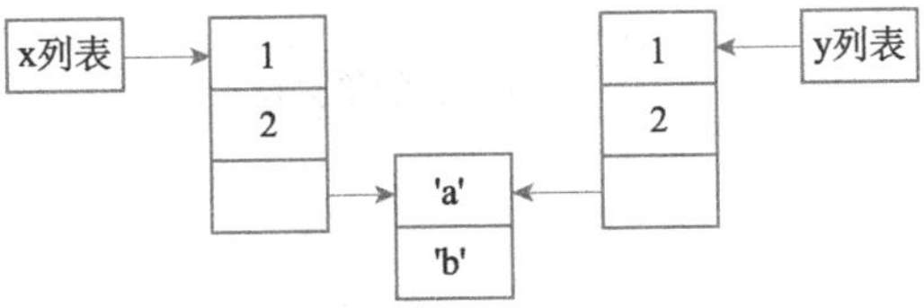

图 3-3　列表浅复制内存分配示意图

例如：

```
>>> x[0]=100
>>> x
[100, 2, ['a', 'b']]
>>> y
[1, 2, ['a', 'b']]
>>> x[2][1]='hello'
>>> x
[100, 2, ['a', 'hello']]
>>> y
[1, 2, ['a', 'hello']]
```

用 copy 模块的 deepcopy() 函数进行列表对象深复制（复制整个完整的列表对象）。例如：

```
>>> import copy                #deepcopy() 函数不是内置方法，需要先导入 copy 模块
>>> x=[1,2,['a','b']]
>>> y=copy.deepcopy(x)         # 用模块名 . 函数名 () 的格式调用
>>> y
[1, 2, ['a', 'b']]
```

列表深复制内存分配示意如图 3-4 所示。

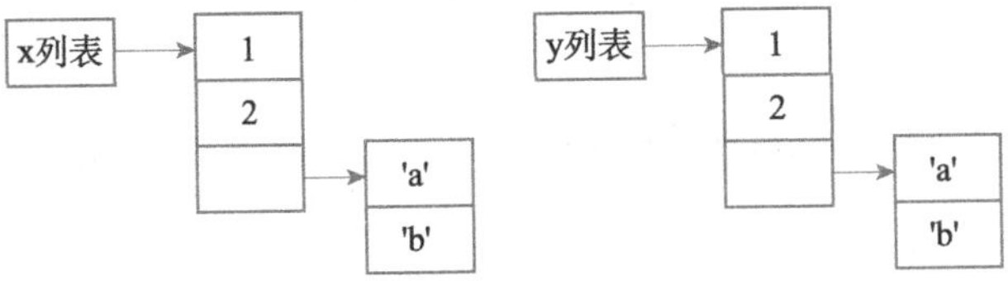

图 3-4　列表深复制内存分配示意图

例如：

```
>>> x[0]=100                    # 改变 x
>>> x
[100, 2, ['a', 'b']]
>>> y                           #y 不会因为 x 的改变而改变
[1, 2, ['a', 'b']]
>>> x[2][1]='hello'             # 改变 x 的第二层
>>> x
[100, 2, ['a', 'hello']]
>>> y                           # y 不会因为 x 的改变而改变
[1, 2, ['a', 'b']]
```

8. 列表排序

用 sort() 函数对列表中的对象进行排序。如果列表对象都是数字，则按照从小到大顺序排序；如果列表对象都是字符串，则按照字典顺序排序；如果列表包含多种类型，则报错。例如：

```
>>>x=[10,2,30,5]
>>>x.sort()
>>>x
[2,5,10,30]

>>>x=['hello','world','he','she']
>>>x.sort()
>>>x
['he','hello','she','world']

>>> x=[-2,1,25,'hello','he']
>>> x.sort()                 # 包含多种类型对象的列表，不能用 sort() 函数进行排序
Traceback (most recent call last):
  File "<pyshell#14>", line 1, in <module>
    x.sort()
TypeError: '<' not supported between instances of 'str' and 'int'
```

编程练习十一：

需求：磁盘文件 registerinfo.txt 存储着所有注册用户的用户名和密码。其中，每个用

户信息占一行，每一行用户名和密码用 | 分隔，形如“用户名 | 密码”。例如：

```
lily|123456
peter|234567
```

编程完成：

①模拟注册。从键盘输入注册用户名和密码，每个用户信息用如上的格式追加写入 registerinfo.txt 文件一行。

②模拟登录。从键盘输入登录用户名和密码，和 registerinfo.txt 文件中的每一行比对，如果和其中一行的用户名相同并且密码也相同，就显示登录成功；如果所有行都比对失败，就显示登录失败。

【代码 3.12】

对应视频：第 3 章 –11– 代码 3.12.mp4

```
# 注册
print('----- 注册 -----')
name = input('name:')
password = input('password:')

f = open('registinfo.txt','a')
print(name + '|' + password,file=f)
f.close()
```

【代码 3.13】

对应视频：第 3 章 –12– 代码 3.13.mp4

```
# 登录
print('----- 登录 -----')
name = input('name:')
password = input('password:')

f = open('registinfo.txt','r')
info = f.read()
userlist = info[:-1].split('\n')

for user in userlist:
    w = user.split('|')
    if w[0] == name and w[1] == password:
        print(' 登录成功！ ')
```

```
        break
else:                        # 当 for 循环迭代完所有的列表内容，都没有从循环退出，
                             则执行 else 后面的语句
    print('登录失败！')
```

编程练习十二：

需求：编程将如下的 txt 文本文件转成 html 网页文件。

test.txt 内容如下（每行结尾都有换行）：

```
name,math,chinese,english
lily,80,90,100
peter,100,60,40
```

转换成的 test.html 文件在浏览器中打开，如图 3-5 所示。

name	math	chinese	english
lily	80	90	100
peter	100	60	40

图 3-5　在浏览器中打开 test.html 文件

在网页文件中，写在 <table> 标签和 </table> 标签之间的是一个表格；在 < table> 标签中，<tr> 和 </tr> 是一行；在 <tr> 标签中，<tb> 和 </tb> 是一列。

对应的 test.html 内容如下：

```
<table border='1'>

<tr bgcolor='lightgreen'>
<td>name</td>
<td>math</td>
<td>chinese</td>
<td>english</td>
</tr>

<tr bgcolor='lightyellow'>
<td>lily</td><td>80</td><td>90</td><td>100</td>
</tr>

<tr bgcolor='lightyellow'>
<td>peter</td><td>100</td><td>60</td><td>40</td>
</tr>

</table>
```

【代码 3.14】

对应视频：第 3 章 -13- 代码 3.14-1.mp4

第 3 章 -14- 代码 3.14-2.mp4

```
# 将 test.txt 中的内容转成网页中的表格
fw = open('test.html','a')
fr = open('test.txt','r')
info = fr.read()[:-1].split('\n')
# 表头
print('<table border=\'1\'>',file=fw)
# 标题行
title = info[0].split(',')
mes = '<tr bgcolor=\'lightgreen\'>'
for i in title:
        mes =  mes + '<td>' + i + '</td>'
mes = mes + '</tr>'
# 表的内容行
for i in range(1,len(info)):
    t = info[i].split(',')
    mes = mes + '<tr bgcolor=\'lightyellow\'>'
    for i in t:
          mes =  mes + '<td>' + i + '</td>'
    mes = mes + '</tr>'
print(mes,file=fw)
# 表尾
print('</table>',file=fw)

fw.close()
fr.close()
```

3.6 元组类型

3.6.1 元组的基本特点

元组和列表类似，可以看作不可变的列表。元组的基本特点如下：

- 元组用圆括号表示，例如（1，2）、（'a'，'b'，1）。
- 元组可以包含任意类型的对象。
- 元组是有序的，元组中的对象可以通过下标进行索引和分片。
- 元组是不可变类型数据。元组中既不能添加对象，也不能删除对象，元组中的对象也不能改变。
- 元组中存储的是对象的引用，不是对象本身。

3.6.2 元组的基本操作

1. 创建元组

```
>>>()                    #创建一个空元组对象
()
>>>tuple()               #用tuple()函数创建一个空元组对象
()
>>>(2,)                  #包含一个对象的元组，这里的逗号不能少
(2,)
>>>(1,2,'hello',[12,34],(1,'a'))          #用不同类型数据创建元组对象
(1,2,'hello',[12,34],(1,'a'))
>>>tuple('abcd')            #用可迭代对象创建元组对象
('a','b','c','d')
>>>tuple([1,2,3])           #用列表创建元组对象
(1,2,3)
>>>tuple(x*2 for x in range(5))     #用解析结构创建元组对象
(0,2,4,6,8)
```

2. 求元组长度

可以用len()函数获得元组长度。例如：

```
>>>len((1,2,3,4))
4
```

3. 元组合并

可以用+合并元组。例如：

```
>>>(1,2)+('abc',20)+(3.14,)
```

```
(1,2,'abc',20,3.14)
```

4. 元组重复

可以用 * 获得具有重复成员的元组。例如：

```
>>>(1,2)*3
(1,2,1,2,1,2)
```

5. 元组迭代

可以用 for 循环迭代遍历元组。例如：

```
>>> x=(1,2,'hello',[12,34],(1,'a'))
>>> for a in x:print(a)


1
2
hello
[12, 34]
(1, 'a')
```

6. 包含性判断

可以用 in 操作符判断对象是否属于元组。例如：

```
>>>1 in (1,2,3)
True
>>>'1' in (1,2,3)
False
```

7. 索引和分片

元组可以通过下标来索引。元组分片的规定和列表分片一致。不可以通过索引对元组对象进行修改。例如：

```
>>>x=tuple(range(10))
>>>x
(0,1,2,3,4,5,6,7,8,9)
>>>x[1]
1
>>>x[-1]
```

```
9
>>>x[2:5]
(2,3,4)
>>>x[2:]
(2,3,4,5,6,7,8,9)
>>>x[:5]
(0,1,2,3,4)
>>>x[1:7:2]
(1,3,5)
>>>x[7:1:-2]
(7,5,3)
```

3.6.3 元组的常用内置方法

1. 计数指定对象在元组中出现的次数

例如：

```
>>> x=(1,2,1,2,'a',[1,2])
>>> x.count(1)
2
>>> x.count('a')
1
>>> x.count([1,2])
1
```

2. 在元组中查找指定对象

用 index(t,start,end) 函数在元组从下标 start 到 end 范围内，查找指定对象 t 第一次出现的下标；如果没有指定 start 或者 end，start 默认是 0，end 默认是字符串长度 -1；如果不存在，则报错。例如：

```
>>> x=(1,2)*3
>>> x
(1, 2, 1, 2, 1, 2)
>>> x.index(2)
1
>>> x.index(2,2)
```

```
3
>>> x.index(2,2,4)
3
>>> x.index(5)
Traceback (most recent call last):
  File "<pyshell#9>", line 1, in <module>
    x.index(5)
ValueError: tuple.index(x): x not in tuple
```

3.7 集合类型

3.7.1 集合的基本特点

集合的基本特点如下：

- 集合用大括号表示，例如 {1,2}、{'a','b',1}。
- 集合可以包含的对象类型为数字、元组、字符串。列表、字典、集合都不能加入集合。
- 集合中的元素是唯一、无序和不可改变的（不能修改，但是可以添加和删除）。
- 集合支持数学理论中的各种集合运算。

3.7.2 集合的基本操作

1. 创建集合

例如：

```
>>>x={1,2,3}                 #用集合常量创建集合对象
>>>x
{1,2,3}
>>>set({1,2,3})              #用set()函数，集合常量作参数，创建集合对象
{1,2,3}
>>> set([1,2,3])             #用set()函数，列表常量作参数，创建集合对象
{1,2,3}
>>> set('123abc')            #用set()函数，字符串常量作参数，创建集合对象
```

```
{'a','3','b','c','2','1'}
>>>set()                         # 创建空集合
set()
>>>type({})                      #{} 表示空字典对象，不是集合对象
<class 'dict>
>>>{1,1,2,2}                     # 集合中的元素不允许重复，Python 集合会自动去掉重复元素
{1,2}
>>>{x+10 for x in [1,2,3,4] } # 用解析结构创建集合
{11,12,13,14}
>>>{x*2 for x in 'abcd'}
{'aa','bb','cc','dd'}
```

2. 求集合中元素的个数

用 len() 函数求集合中元素的个数。例如：

```
>>>x={1,2,'a','abc'}
>>>len(x)
4
```

3. 包含性判断

用 in 操作符判断对象是否属于集合。例如：

```
>>>x={1,2,'a','abc'}
>>>'a' in x
True
```

4. 求差集 x-y

x-y 是指用属于 x 但不属于 y 的元素创建新的集合。例如：

```
>>>x={1,2,'a','abc'}
>>>y={1,'a',5}
>>>x-y
{2,'abc'}
```

5. 求并集 x|y

x|y 是指用 x 和 y 中所有的元素创建新集合。例如：

```
>>>x={1,2,'a','abc'}
```

```
>>>y={1,'a',5}
>>>x|y
{1,2,'a','abc',5}
```

6. 求交集 x&y

x&y 是指用同时属于 x 和 y 的元素创建新集合。例如：

```
>>>x={1,2,'a','abc'}
>>>y={1,'a',5}
>>>x&y
{1,'a'}
```

7. 求对称差 x^y

x^y 是指用属于 x 但不属于 y，和属于 y 但不属于 x 的元素，创建新集合。例如：

```
>>>x={1,2,'a','abc'}
>>>y={1,'a',5}
>>>x^y
{2,'abc' ,5}
```

8. 判断子集或者超集关系

用比较运算符 < 或者 >，判断子集或者超集关系。例如：

```
>>>x={1,2,'a','abc'}
>>>y={1,'a',5}
>>>x<y
False
>>>{1,2} < x
True
```

3.7.3　集合的常用内置方法

1. 集合的复制

用 copy() 函数复制集合对象。例如：

```
>>>x={1,2}
>>>y=x.copy()
```

```
>>>y
{1,2}
```

2. 为集合添加一个元素

用 add() 函数为集合添加一个元素。例如：

```
>>>x={1,2}
>>>x.add('abc')
>>>x
{1,2,'abc'}
```

3. 为集合添加多个元素

用 update() 函数为集合添加多个元素。例如：

```
>>>x={1,2,10}
>>>x.update({10,20,'abc'})
>>>x
{1,2,10,20,'abc'}
```

4. 从集合删除指定元素

用 remove() 函数或者 discard() 函数，删除指定集合元素。例如：

```
>>>x={1,2,10,20,'abc'}
>>>x.remove(10)
>>>x
{1,2,20,'abc'}
>>>x.discard(20)
>>>x
{1,2,'abc'}
```

5. 从集合中随机删除一个元素并返回

用 pop() 函数从集合中随机删除一个元素，并返回该被删除元素。例如：

```
>>>x={1,2,'abc'}
>>>x.pop()
1
>>>x
```

```
{2,'abc'}
```

6. 删除集合中所有元素

例如：

```
>>>x={1,2,'abc'}
>>>x.clear()
>>>x
set()
```

7. 集合的迭代

用 for 循环迭代遍历集合。例如：

```
>>>x={1,2,'abc'}
>>>for a in x:print(a)


1
2
abc
```

3.8 字典类型

3.8.1 字典的基本特点

字典的基本特点如下：

- 字典是一种映射的集合，包含一系列的“键值对”。
- 字典用大括号表示。例如 {'name':'John','age':25,'grade':1}，其中，字符串 name、age、grade 分别是“键”，字符串 John 和数字 25、1 分别是“值”。
- 字典的“键”采用不可变类型数据，可以是字符串、数字、元组。“键”不可以重复，如果重复，则自动删除重复内容，只保留最后一个。“值”可以是任意类型数据。
- 字典是无序的，不能通过位置来索引。字典通过“键”来映射到对应的“值”。
- 字典是可变类型数据，可以通过“键”索引到对应的“值”，并进行修改。可以添加或者删除“键值对”。

➢ 字典存储的是对象的引用，而不是对象本身。

3.8.2 字典的基本操作

1. 创建字典

例如：

```
>>>{}                 # 创建一个空字典对象
{}
>>>dict()            # 用 dict() 函数创建一个空字典对象
{}
>>>{'name':'John','age':25,'grade':1}          # 用字典常量创建一个字典对象
{'name':'John','age':25,'grade':1}
>>>{'book':{'Python 程序设计 ':90,'java 程序设计 ':100} }       # 字典的嵌套
{'book':{'Python 程序设计 ':90,'java 程序设计 ':100} }
>>>{1:'Python', 2:'java'}                                   # 用数字作为键
{1:'Python', 2:'java'}
>>>{(1,3,5):20, (2,4,6):50 }                        # 用元组作为键
{(1,3,5):20, (2,4,6):50 }
>>>dict(name='John',age=25)                        # 用赋值格式的键值对创建字典对象
{'name':'Jonh','age':25}
>>>dict([('name','John') , ('age',25)])     # 用包含键值元组的列表创建字典对象
{'name':'Jonh','age':25}
>>>dict.fromkeys(['name','age'])           # 创建无映射值的字典对象，默认值为 None
{'name':None,'age':None}
>>>dict.fromkeys(['apple','orange'],0)          # 创建值相同的字典对象
{ apple':0, orange':0}
>>>dict.fromkeys('abc')                     # 用字符串创建无映射值的字典对象
{'a':None, 'b':None, 'c':None}
>>>dict.fromkeys('abc', 10)                  # 用字符串和映射值创建字典对象
{'a':10, 'b':10, 'c':10 }
>>>dict(zip(['name','age'],['John',25]))     # 用 zip() 函数解析键值列表创建字典对象
{'name':'Jonh','age':25}
```

用赋值为字典添加键值对。例如：

```
>>>x={}                                   # 创建空字典
```

```
>>>x['name']='John'                    # 用赋值添加键值对
>>>x['age']=25
>>>x
{'name':'Jonh','age':25}
```

2. 求字典长度

可以用 len() 函数获得字典长度，即键值对的个数。例如：

```
>>>len({'book':{'Python 程序设计 ':90,'java 程序设计 ':100} })
1
```

3. 包含性判断

可以用 in 操作符判断字典中是否包含某个键。例如：

```
>>>x={'name':'Jonh','age':25}
>>>'sex' in x
False
>>>age' in x
True
```

4. 索引、通过索引修改字典

用键来索引字典中对应的值。例如：

```
>>>x={'book':{'Python 程序设计 ':90,'java 程序设计 ':100} }、
>>>x['book']
{'Python 程序设计 ':90,'java 程序设计 ':100}
>>>x['book']['java 程序设计 ']
100
```

可以通过索引修改对应的值。例如：

```
>>>x['book']['java 程序设计 ']=98
>>>x
{'book':{'Python 程序设计 ':90,'java 程序设计 ':98} }
>>>x['vidio']=20                    # 试图修改不存在的键对应的值，会添加此键值对
>>>x
{'book':{'Python 程序设计 ':90,'java 程序设计 ':98} , 'vidio':20}
```

可以通过索引删除键值对。例如：

```
>>> x={'name':'Jonh','age':25}
>>>del x['age']
>>>x
x={'name':'Jonh'}
```

5. 迭代字典

可以用 for 循环迭代遍历字典的键。例如：

```
>>> x={'name':'Jonh','age':25}
>>> for t in x:print(t)

name
age
```

可以用 for 循环迭代遍历字典的键，同时通过键获得值。例如：

```
>>> x={'name':'Jonh','age':25}
>>> for t in x:print(t,x[t])

name Jonh
age 25
```

3.8.3 字典的常用内置方法

1. 复制字典对象

例如：

```
>>> x={'name':'Jonh','age':25}
>>> y=x                    #对字典对象赋值，使得 x 和 y 保存同一个字典的引用
>>> y['age']=30              #用 y 改变字典
>>> x,y                    #用 x 和 y 引用的是同一个字典对象
( {'name':'Jonh','age':30} , {'name':'Jonh','age':30} )
```

用 copy() 函数进行字典对象的浅复制（只复制字典的第一层，同列表的浅复制）。例如：

```
>>> x={'name':'Jonh','age':20,'address':{'city':'guangzhou','country':'china'}}
>>> y = x.copy()
>>> y
{'name':'Jonh', 'age':20, 'address':{'city':'guangzhou', 'country':'china'}}
```

```
>>> x['age']=30                              # x['age'] 改变了
>>> x
{'name':'Jonh', 'age':30, 'address':{'city':'beijing', 'country':'china'}}
>>> y                                         # y['age'] 没有改变
{'name':'Jonh', 'age':20, 'address':{'city':'beijing', 'country':'china'}}
>>> x['address']['city']='beijing'     # x['address']['city'] 改变了
>>> x
{'name':'Jonh', 'age':20, 'address':{'city':'beijing', 'country':'china'}}
>>> y                                         #y['address']['city'] 也改变了
{'name':'Jonh', 'age':20, 'address':{'city':'beijing', 'country':'china'}}
```

用 copy 模块的 deepcopy() 函数进行字典对象深复制（复制整个完整的字典对象，同列表的深复制。例如：

```
>>> import copy
>>> x={'name':'Jonh','age':20,'address':{'city':'guangzhou','country':'china'}}
>>> y=copy.deepcopy(x)
>>> y
{'name':'Jonh', 'age':20, 'address':{'city':'guangzhou', 'country':'china'}}

>>> x['age']=30                              # x['age'] 改变了
>>> x
{'name':'Jonh', 'age':30, 'address':{'city':'guangzhou', 'country':'china'}}
>>> y                                         # y['age'] 没有改变
{'name':'Jonh', 'age':20, 'address':{'city':'guangzhou', 'country':'china'}}

>>> x['address']['city']='beijing'     # x['address']['city'] 改变了
>>> x
{'name':'Jonh', 'age':30, 'address':{'city':'beijing', 'country':'china'}}
>>> y                                   #y['address']['city'] 没有改变
{'name':'Jonh', 'age':20, 'address':{'city':'guangzhou', 'country':'china'}}
```

2. 由键获得对应的值

例如：

```
>>> x={'name':'Jonh','age':25}
>>> x.get('name')
John
```

```
>>> x.get('salary')                # 当键不存在，返回空值
>>> x.get('salary',5000)            # 当键不存在，返回指定默认值
5000
```

3. 为字典添加键值对

用 setdefault() 函数，当键存在，则返回对应的值；当键不存在，则添加键值对；如果没有给出值，值默认为 None。例如：

```
>>> x={'name':'Jonh','age':25}
>>> x.setdefault('name')           # 当键存在，则返回对应的值
John
>>>x.setdefault('salary')          # 当键不存在，则添加键值对；如果没有给出值，值默认为None
>>>x
{'salary':None, 'name':'Jonh','age':25}
>>>x.setdefault('tel' ,'12345678')     # 当键不存在，则添加键值对
>>>x
{'salary':None, 'name':'Jonh','age':25 , 'tel':'12345678'}
```

用 update() 函数为字典添加键值对，如果键有相同的，即用新值覆盖旧值。例如：

```
>>> x={'name':'Jonh','age' : 25}
>>> x.update(age=30 ,sex='male')       # 覆盖键同名的键值对，添加新键值对
>>> x
{'name':'Jonh','age':30 , 'sex':'male'}

>>> x={'name':'Jonh','age':25}
>>> x.update(name = 'lily')            # 用赋值方式，通过覆盖同名键的键值对，修改
                                       键值对
>>> x
{'name':'lily','age':25}
>>>x.update(address='newtown')      # 用赋值方式，添加新键值对
>>> x
{'name':'lily', 'age':25, 'address':'newtown'}
```

4. 删除字典对象

用 clear() 函数删除所有字典对象。例如：

```
>>> x={'name':'Jonh','age':25}
```

```
>>>x.clear()
>>>x
{}
```

用 pop() 函数删除键，并返回对应的值；当键不存在，则返回默认值；如果没有指定默认值，则报错。例如：

```
>>> x={'name':'Jonh','age':25}
>>> x.pop('name')
John
>>> x
{'age':25}
>>> x.pop('sex' , 'male')
male
>>> x.pop('sex')
Traceback (most recent call last):
  File "<pyshell#2>", line 1, in <module>
     x.pop('sex')
KeyError: 'sex'
```

用 popitem() 函数，从字典删除并返回一个键值对；如果字典为空，则报错。例如：

```
>>> x={'name':'Jonh','age':25}
>>> x.popitem()                              # 删除一个键值对
('age', 25)
>>> x
{'name':'John'}
>>> x.popitem()                              # 再删除一个键值对
('name', 'John')
>>> x
{}
>>> x.popitem()                              # 当字典为空的时候，再删除一个键值对
Traceback (most recent call last):
  File "<pyshell#8>", line 1, in <module>
     x.popitem()
KeyError: 'popitem(): dictionary is empty'
```

5. 字典视图

可以用 items()、keys()、values() 函数分别获得字典的所有键值对、键、值的视图对象。

当字典内容改变的时候，视图的内容会同步改变。视图可以迭代遍历。试图不可以修改。

用 items() 函数获得字典的键值对的视图。例如：

```
>>> x={'name':'John','age':25}
>>> y=x.items()                              # 获得 x 的键值对视图对象
>>> y
dict_items([('name', 'John'), ('age', 25)])
>>> for a in y:print(a)                      # 迭代键值对视图对象

('name', 'John')
('age', 25)

>>> x['age']=30                              # 修改字典的内容
>>> x
{'name':'John', 'age':30}
>>> y
dict_items([('name', 'John'), ('age', 30)])  # 字典的修改会在视图中同步
```

用 values() 函数获得字典的值的视图。例如：

```
>>> x={'name':'John','age':25}
>>> y=x.values()                         # 获得 x 的值视图对象
>>> y
dict_values(['John', 25])
>>> for a in y:print(a)                  # 迭代值视图

John
25

>>> x['sex']='male'                      # 在字典中添加键值对
>>> x
{'name':'John', 'age':25, 'sex':'male'}
>>> y
dict_values(['John', 25, 'male'])        # 字典的改变在值视图中同步
```

用 keys() 函数获得字典的键的视图。键视图支持各种集合操作，键值对视图和值视图不支持集合操作。例如：

```
>>> x={'name':'John','age':25}
```

```
>>> kx=x.keys()                    # 获得 x 的键视图对象
>>> kx
dict_keys(['name', 'age'])
>>> y={'name':'lily','tel':'1234567'}
>>> ky=y.keys()                    # 获得 y 的键视图对象
>>> kx|ky                          # 求并集
{'tel', 'age', 'name'}
>>> kx&ky                          # 求交集
{'name'}
>>> kx-ky                          # 求差集
{'age'}
>>> kx^ky                          # 求对称差集
{'tel', 'age'}
```

编程练习十三：

已知字典如下，存储了若干城市的若干大学的评价：

```
university = {
    'beijing':{
            '北京大学':['有很深厚的文化底蕴','蔡元培担任过该校校长'],
            '清华大学':['一所科研导向型的大学','丰富的发展路径和多元的评价体系','
非常广泛的校友网络']
    },
    'guangzhou':{
        '广州大学':['在广州']
        '中山大学':['自由与学术氛围尚存','中大最难能可贵的是什么？是自由']
    }
}
```

编程实现：

①显示所有城市名、每个城市中的每个大学名、每所大学的评价。

②为“广州大学”修改评价，将第 0 条评价改为“在广州大学城”。

③为“广州大学”增加评价“综合性本科学校”。

④增加城市“上海”，并增加“上海”的大学“上海大学”，评论为空。

【代码 3.15】

对应视频： 第 3 章 –15– 代码 3.15–1.mp4

第 3 章 –16– 代码 3.15–2.mp4

```
university = {
    '北京':{
        '北京大学':['有很深厚的文化底蕴','蔡元培担任过该校校长'],
          '清华大学':['一所科研导向型的大学','丰富的发展路径和多元的评价体系','非常广泛的校友网络']
    },
    '广州':{
        '广州大学':['在广州'],
        '中山大学':['自由与学术氛围尚存','中大最难能可贵的是什么？是自由']
    }
}

print('---------------------------')
for i in university:                    #字典的迭代
    for j in university[i]:
        print(i,j,university[i][j])
print('---------------------------')

university['广州']['广州大学'][0]='在广州大学城'  #改变
print(university)

university['广州']['广州大学'].append('综合性本科学校')   #添加
print(university)


b={'上海': {'上海大学':[ ] } }

university.update(b)                    #添加
print(university)
```

3.9 习 题

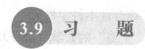

1. 有网页文件字符串 China Japan India England China Australia，请改变这个字符串，

使得这个网页文件在浏览器中打开时，呈现的效果是：其中所有的“china”都加上了下画线，也就是将字符串转化为 <u>China</u> Japan India England <u>China</u> Australia。

2. 编写一个程序，从键盘输入一系列空格符分隔的单词，删除所有重复的单词并按字典序排序后打印这些单词。

假设输入：

hello world and practice makes perfect and hello world again

则输出为：

again and hello makes perfect practice world

3. 编写程序，从键盘输入一个包含数字字符和字母的字符串，计算字符串中字母和数字的个数。

假设输入：

Hello world! 123

输出是：

字母 10

数字 3

4. 编写程序，计算输入字符串中单词出现的频率。按字母顺序对键进行排序后输出。

假设输入：

New to Python or choosing between Python 2 and Python 3? Read Python 2 or Python 3.

输出是：

2:2

3.:1

3?:1

New:1

Python:5

Read:1

and:1

between:1

choosing:1

or:2

to:1

5. 有如下字典：

```
t={'广州': {'中山大学': ['综合性大学', '校园优美', 'MBA专业全国一流'],
           '华南理工大学': ['轻工类专业挺强', '以工见长,理工结合']},
   '北京': {'清华大学': ['中国大学中的骄傲', '好向往'],
           '北京大学': ['有丰富的文化底蕴', '北京大学的食堂可以说是堪称
一绝', '中国近代第一所国立大学']}}
```

编程实现：

- 先输出所有的城市名。
- 请用户从键盘输入要查看的城市名，然后显示该城市的所有大学。
- 在显示的所有大学中，请用户从键盘输入要查看的大学名，然后显示该大学的所有评价。

拓展需求：

- 当用户输入的城市名不存在时，输出“该城市不存在请重新输入”，重新让用户输入城市名，直到输入的城市名存在为止。
- 当用户输入的大学名不存在时，输出“该大学不存在请重新输入”，重新让用户输入大学名，直到输入的大学名存在为止。

第4章 程序流程控制

本章课件

程序总体上是按照语句的先后次序顺序执行的。在程序的局部，可以根据某种条件，在若干个分支中选择其一；也可以让某些语句循环执行，直到某条件满足时而停止循环。这就是程序的三种基本的流程控制结构：顺序结构、分支结构、循环结构。

4.1 分支结构——if语句

4.1.1 if语句的形式

1. 形式1

if语句的形式1如下：

```
if 条件表达式：
    语句块
```

语义：

如果“条件表达式”为True，则执行“语句块”，如图4–1所示。

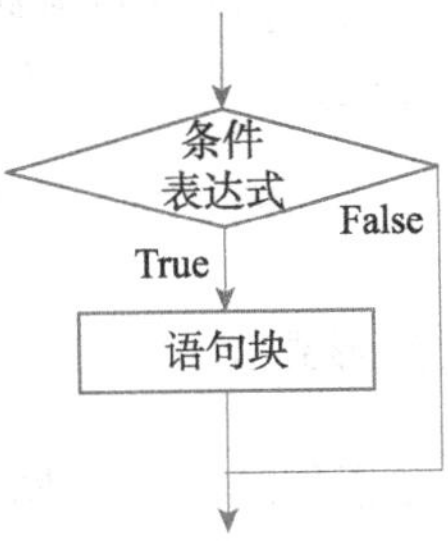

图4–1 if语句形式1的流程图

【例4.1】需求：从键盘输入身高和体重，如果体重大于（身高–100）×0.9，就显示“为了健康注意体重”。

【代码4.1】

```
height = float(input('请输入身高：'))
```

```
weight = float(input('请输入体重：'))
if weight > (height - 100) * 0.9:
    print('为了健康注意体重！')
```

2. 形式 2

if 语句的形式 2 如下：

```
if 条件表达式：
    语句块 1
else:
    语句块 2
```

语义：如果“条件表达式”为 True，则执行“语句块 1”；否则，执行“语句块 2”，如图 4-2 所示。

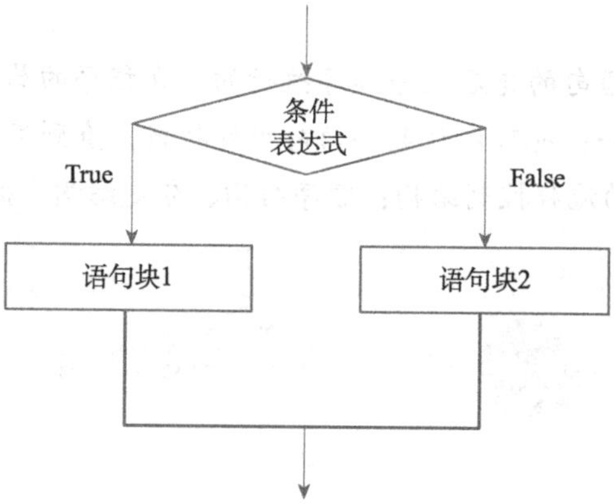

图 4-2　if 语句形式 2 的流程图

【例 4.2】需求：从键盘输入年龄，如果大于等于 18 岁，就显示“成年人，要自重！”；否则，就显示“小朋友，长大你就知道啦！”。

【代码 4.2】

```
age = int(input('请输入年龄：'))
if age >= 18:
    print('成年人，要自重！')
else:
    print('小朋友，长大你就知道啦！')
```

3. 形式 3

if 语句的形式 3 如下：

```
if 条件表达式 1:
```

```
        语句块 1
    elif 条件表达式 2:
        语句块 2
    elif 条件表达式 3:
        语句块 3
    …
    else:
    语句块 n
```

语义：如果“条件表达式 1”为 True，则执行“语句块 1”；否则，如果“条件表达式 2”为 True，则执行“语句块 2”；否则，如果“条件表达式 3”为 True，则执行“语句块 3”；……，如果所有条件表达式都为 False，则执行“语句块 n”。if 语句形式 3 的流程图如图 4–3 所示。

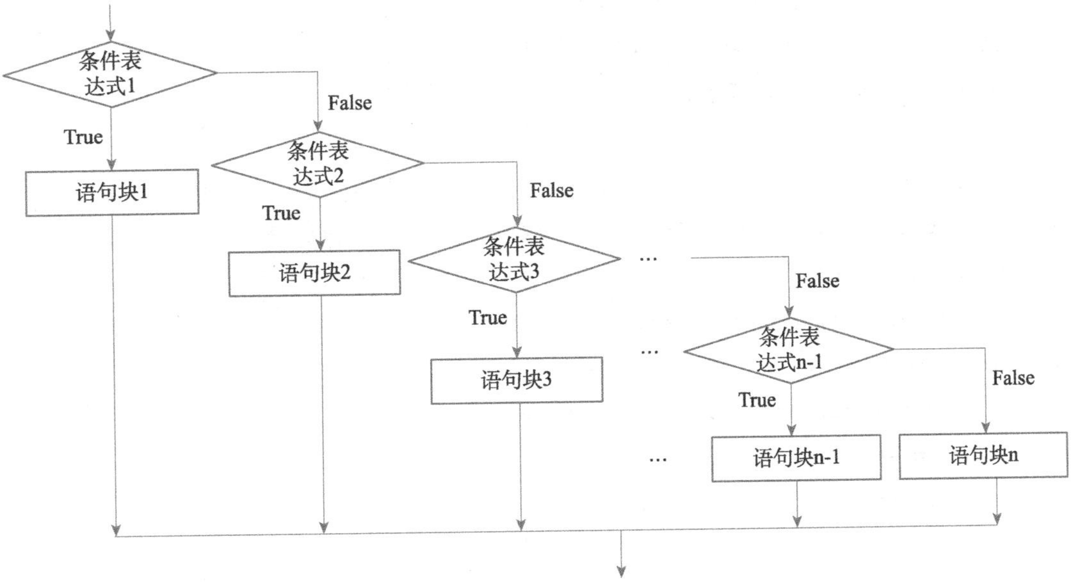

图 4–3　if 语句形式 3 的流程图

【例 4.3】需求：从键盘输入获奖等级，如果一等奖，就显示“奖励 macbook”；如果二等奖，就显示“奖励 ssd 固体硬盘”；如果三等奖，就显示“奖励 U 盘”；如果是其他输入，就显示“没有这个等级”。

【代码 4.3】

```
grade = int(input('请输入获奖等级：'))
if grade == 1:
    print('奖励 macbook')
elif grade == 2:
```

```
    print('奖励 ssd 固体硬盘')
elif grade == 3:
    print('奖励 U 盘')
else:
    print('没有这个等级')
```

4.1.2 if 语句案例

【例 4.4】需求：编写一个简易计算器，从键盘输入两个浮点数，再输入一个运算符（+、-、*、/ 四种之一，如果是其他运算符，则输出“错误的运算符号”），然后输出运算表达式和结果。

【代码 4.4.1】

```
t1 = float(input('请输入一个操作数：'))
t2 = float(input('请输入另一个操作数：'))
op = input('请输入运算符：')

if op == '+':
    print(t1, op, t2, '=', t1 + t2)
elif op == '-':
    print(t1, op, t2, '=', t1 - t2)
elif op == '*':
    print(t1, op, t2, '=', t1 * t2)
elif op == '/':
    print(t1, op, t2, '=', t1 / t2)
else:
    print('错误的运算符')
```

还可以采用如下方法实现。

【代码 4.4.2】

```
t1 = float(input('请输入一个操作数：'))
t2 = float(input('请输入另一个操作数：'))
op = input('请输入运算符：')

if op in ['+','-','*','/']:
    print(t1 , op , t2 , '=' , eval(str(t1)+op+str(t2)))
else:
```

```
        print('错误的运算符')
```

其中，eval() 是 Python 内置函数，可以执行字符串中的表达式，并返回运算结果。

4.2 循环结构——while 语句

4.2.1 while 语句的形式

1. 形式 1

while 语句的形式 1 如下：

```
while 循环条件表达式:
        语句块
```

语义：当“循环条件表达式”为 True 时，就执行一遍“语句块”；然后再测试“循环条件表达式”，如果为 True，就再执行一遍“语句块”；以此循环，直到“循环条件表达式”为 False，就退出循环。while 语句形式 1 的流程图如图 4-4 所示。

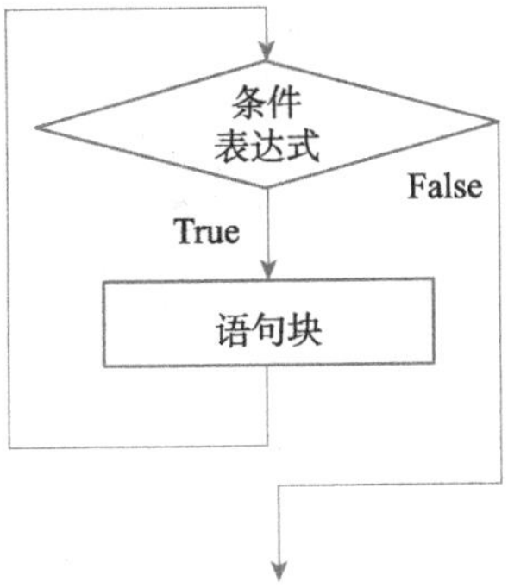

图 4-4　while 语句形式 1 的流程图

【例 4.5】需求：输出从 1 累加到 10 的和。

【代码 4.5】

```
i = 1
sum = 0
while i <= 10:
    sum += i
    i += 1
print(sum)
```

2. 形式 2

while 语句的形式 2 如下：

```
while 循环条件表达式:
    语句块 1
else:
    语句块 2
```

语义：当“循环条件表达式”为 True 时，循环执行“语句块 1”，直到“循环条件表达式”为 False，就执行“语句块 2”，然后退出循环；如果是在“语句块 1”中，因为 break 语句而退出循环，就不执行“语句块 2”。

【例 4.6】需求：输入一个整数，判断是否是素数。

【代码 4.6】

```
m = int(input('请输入一个整数：'))
i = 2
while i < m:
    if m % i == 0:
        print(m, '不是素数。')
        break
    else:
        i += 1
else:
    print(m,'是素数。')
```

4.2.2 break 与 continue 语句

可以用 break 与 continue 语句对循环进行控制。

① break 语句：在循环体中，遇到 break 语句，则跳出当前的 for 循环或者 while 循环。

② continue 语句：在循环体中，遇到 continue 语句，则终止当前的这一次循环执行，进入下一次循环的迭代。

【例 4.7】需求：输出任意字符串中的数字字符。

【代码 4.7】

```
str = input('请输入任意字符串：')
for s in str:
    if s<'0' or s>'9':
        continue
```

```
    print(s,end=' ')
```

运行结果：

```
请输入任意字符串：12kl**23++
输出：
1 2 2 3
```

4.2.3　while 语句案例

【例 4.8】需求：求 1 – 1/2 + 1/3 –1/ 4 +1/ 5 – 1/6 + ··· –1/10 的结果。

【代码 4.8】

对应视频：第 4 章 –1– 代码 4.8.mp4

```
i = 1
sum = 0
flag = -1
while i <= 10:
    flag *= (-1)
    sum += 1 / i * flag
    i += 1
print(sum)
```

【例 4.9】需求：输入一个正整数，求这个整数的各位数字之和。

分析：任意一个整数 *t*，*t*%10 就可以获得个位数字，*t* //10 就可以去掉个位数字，循环这两步，直到 *t* 为 0 时止。

【代码 4.9】

对应视频：第 4 章 –2– 代码 4.9.mp4

```
sum = 0
t = int(input('请输入一个整数：'))
while t > 0:
    sum += t%10
    t = t // 10

print(sum)
```

【例 4.10】需求：求满足 *n*！且小于 1000 的最大的 *n*。

分析：*n*！（*n* 的阶乘）就是 1×2×3×4×···×*n*，从 1！，2！，3！……依次计算每个整数的阶乘的值，直到 *x*！≥ 1000 时停下来，那么 *x*–1 就是所求。注意，*n*！等于（*n*–1）！×*n*，不需要每个数的阶乘都从 1 开始算起。

【代码 4.10】

```
i = 1
t = 1
while True:
    t = t * i
    if t >= 1000:
        break
    else:
        i += 1
print(i-1)
```

【例 4.11】需求：打印 100 以内的素数。

分析：从 2 到 99，逐个判断是否为素数，如果是素数，就输出。对任意一个整数 *i*，要判断是否为素数，用 2 到 *i*–1 去除这个整数，只要有一个除尽了，*i* 就不是素数。

【代码 4.11】

对应视频：第 4 章 –3– 代码 4.11.mp4

```
i = 2
while i < 100:
    t = 2
    while t < i:
        if i % t == 0:
            break
        else:
            t += 1
    else:
        print(i)
    i += 1
```

4.3 循环结构——for 语句

4.3.1 for 语句的形式

1. 形式 1

for 语句的形式 1 如下：

```
for 变量 in 序列对象:
    语句块
```

语义：将可迭代序列对象中的每个成员赋值给变量，每赋值一次，执行一次“语句块”。

2. 形式 2

for 语句的形式 2 如下：

```
for 变量 in 序列对象:
    语句块 1
else:
    语句块 2
```

语义：将可迭代序列对象中的每个成员赋值给变量，每赋值一次，执行一次“语句块”。如果全部序列对象迭代完成而退出循环，就执行“语句块 2”；如果是在“语句块 1”中，因为遇到 break 语句而退出循环，就不执行“语句块 2”。

4.3.2　for 语句案例

【例 4.12】需求：求 1 到 10 的累计和。

分析：range(n) 函数可以获得 0 到 n–1 之间整数的列表。

【代码 4.12】

```
sum = 0
for i in range(11):
        sum += i
print(sum)
```

【例 4.13】求 10 之内的偶数之和。

分析：range(start，end，step) 函数可以获得 start 到 end–1 之间间隔为 2 的整数列表。

【代码 4.13】

```
sum = 0
for i in range(2,10,2):
    sum += i
print(sum)
```

【例 4.14】打印九九表。

分析：如果每行的行号 i 是从 1 循环到 9，那么，每行的每个算式都满足：乘号左边的数等于行号 i，乘号右边的数，分别是从 1 循环到行号 i。

```
1*1=1
2*1=2   2*2=4
3*1=3   3*2=6   3*3=9
4*1=4   4*2=8   4*3=12  4*4=16
5*1=5   5*2=10  5*3=15  5*4=20  5*5=25
6*1=6   6*2=12  6*3=18  6*4=24  6*5=30  6*6=36
7*1=7   7*2=14  7*3=21  7*4=28  7*5=35  7*6=42  7*7=49
8*1=8   8*2=16  8*3=24  8*4=32  8*5=40  8*6=48  8*7=56  8*8=64
9*1=9   9*2=18  9*3=27  9*4=36  9*5=45  9*6=54  9*7=63  9*8=72  9*9=81
```

【代码 4.14】

对应视频：第 4 章 -4- 代码 4.14.mp4

```
for i in range(1,10):
    for j in range(1,i+1):
        print(i,'*',j,'=',i*j,sep='',end=' ')
    print()
```

4.4 编程练习

1. 需求：读入一个整数，判断是否回文

做法 1 分析：将整数从个位开始逐位拆分，然后逐位组合，构成原来整数的反转，判断反转的整数和原来的整数是否相等。

【代码 4.15.1】

```
t = int(input('请输入一个整数：'))
t1 = t
t2 = 0
while t>0:                  #从 t 的个位数字开始，依次加在反转整数的右边
    t2 = t2 *10 + t %10
    t = t // 10
if t1 == t2:
    print(t1,'是回文')
else:
    print(t1,'不是回文')
```

做法 2 分析：将整数转换成字符串，将字符串反转，判断反转的字符串和原来的字符

串是否相等。

【代码 4.15.2】

```
t = int(input('请输入一个整数：'))
t1 = str(t)
t2 = t1[::-1]
if t1 == t2:
    print(t1,'是回文')
else:
    print(t1,'不是回文')
```

2. 需求：输出所有 3 位的回文整数

方法 1 分析：对于 3 位的回文整数，就是百位和个位相同。

【代码 4.16.1】

```
for i in range(1,10):                  #i 取 1 到 9，依次作为百位和个位
    for j in range(10):                #j 取 0 到 9，作为十位
        t = i * 100 + j * 10 + i
        print(t)
```

方法 2 分析：对于 100 到 999 的所有三位整数，逐个判断是否回文。

【代码 4.16.2】

```
for i in range(100,1000):
    j = str(i)[::-1]
    if j == str(i):
        print(i,end=',')
```

3. 需求：输出 9 行数字金字塔

```
        1
       212
      32123
     4321234
    543212345
   65432123456
  7654321234567
 876543212345678
98765432123456789
```

分析：找到如下规律：行号 *i* 从 1 循环到 9，对于任意的第 i 行，都是首先打印 9–*i* 个空格，然后打印 *i* 到 2，最后打印 1 到 *i*。

【代码 4.17】

对应视频：第 4 章 –5– 代码 4.17.mp4

```
for i in range(1,10):                          # 行号 i 从 1 循环到 9
    print(' '*(9-i),end='')                         # 打印 9-i 个空格
    for j in range(i,1,-1):                         # 打印 i 到 2
        print(j,end='')
    for j in range(1,i+1):                     # 打印 1 到 i
        print(j,end='')
    print()                                    # 换行
```

4.5 习　题

1. 输出 0 到 99999 之间的所有回文整数。

2. 输出 9 行字符金字塔。

```
        A
       BAB
      CBABC
     DCBABCD
    EDCBABCDE
   FEDCBABCDEF
  GFEDCBABCDEFG
 HGFEDCBABCDEFGH
IHGFEDCBABCDEFGHI
```

3. 输出 50 以内的所有勾股数（满足勾股定理公式），要求每行显示 6 组，各组勾股数无重复，如下：

3，4，5	5，12，13	6，8，10	7，24，25	8，15，17	9，12，15
9，40，41	10，24，26	12，16，20	12，35，37	14，48，50	15，20，25
15，36，39	16，30，34	18，24，30	20，21，29	21，28，35	4，32，40
27，36，45	30，40，50				

4. 一个数如果恰好等于它的因子之和，这个数就称为“完数”。例如 6=1+2+3。编程找出 1000 以内的所有完数。

5. 打印所有用 1、2、3、4 组成的、互不相同且无重复数字的三位数。

6. 求 1!–2! + 3!–4! + … –20! 的和。

7. 有一个分数序列 2/1、3/2、5/3、8/5、13/8、21/13…，求出这个数列的前 20 项之和。

8. 一个由无序的整数构成的列表，编程从小到大对列表内容进行排序，然后输出。

第 5 章

函数与模块

本章课件

函数是一段程序代码，可以通过调用来执行函数。函数只需要定义一次，但可以调用若干次。函数调用时可以通过参数向函数传递数据。函数可以通过返回值向函数调用对象返回运行结果。

模块是包含若干变量定义、函数定义、类定义的程序文件。可以通过导入其他模块，来使用其他模块中的内容。

函数和模块是提高程序模块化和代码复用率的重要途径。

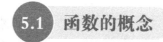

5.1 函数的概念

5.1.1 为什么需要函数

按照需求，编写以下程序，从而学习什么是函数，理解为什么需要函数。

【例 5.1】需求：打印 1 个 5 行“*”金字塔。

```
    *
   * *
  * * *
 * * * *
* * * * *
```

分析：一共打印 5 行，行号 line 是从 0 到 4。每行打印的内容是：5–1–line 个空格“ ”，line+1 个“* ”。

【代码 5.1】

```
for line in range(5):
    print(' '*(5-1-line),'* '*(line+1))
```

【例 5.2】需求：打印 2 个 5 行“*”金字塔。

分析：要打印 2 个例 5.1 中的内容，那么把代码 5.1 写两遍即可。这样增加了代码的冗余度，我们可以把代码 5.1 的内容写为一个函数，每次需要的时候，就调用一次这个函数。这样，函数只需要定义一次，就可以调用任意多次。

【代码 5.2】

```
def tower():                          # 定义函数 tower()，函数名后面要有一对小括号
    for line in range(5):
        print(' ' * (5 - 1 - line), '* ' * (line + 1))

tower()                               # 调用函数 tower()
tower()                               # 调用函数 tower()
```

【例 5.3】需求：打印 1 个 5 行“+”金字塔。

分析：

代码 5.2 中的 tower() 函数，只能打印 5 行“*”金字塔，现在要打印 5 行“+”金字塔，就需要重新编写一遍和 tower() 函数非常类似的代码，能不能让 tower() 函数更有通用性，提高代码的复用性呢？

现在给 tower() 函数输入一个参数，这个参数是 tower() 函数要打印的字符，输入什么字符，就打印什么，这样 tower() 函数就有了更高的通用性。参数写在函数名后面的小括号中。

【代码 5.3】

```
def tower(content):        # 定义函数 tower(),content 是形式参数，代表要打印的字符串
    for line in range(5):
        # 要打印的字符是 content
        print(' ' * (5 - 1 - line), (content+' ') * (line + 1))

tower('+')                        # 调用函数 tower()，传入的实际参数是 "+"
```

【例 5.4】需求：打印 1 个 10 行“+”金字塔

分析：

将代码 5.3 中的 tower() 函数进一步拓展，再加入一个代表行数的参数 count，这样要打印的行数也是由调用者输入的。

这样，行号 line 是从 0 到 count−1。每行要打印的是：count−1−line 个空格“ ”，line+1 个 content+“ ”字符串。

【代码 5.4】

```
# 定义函数 tower()，形参 count 代表要打印的行数，形参 content 代表要打印的字符串
def tower(count,content):
```

```
    for line in range(count):
        print(' ' * (count - 1 - line), (content+' ') * (line + 1))

tower(10,'+')
```

【例 5.5】需求：编写一个函数，返回输入两个数的和。

分析：编写一个函数，对输入的两个参数求和，但是需要将求和结果返回给调用者，这样就需要用到 return() 函数。调用者通过函数调用得到函数的返回值。

【代码 5.5】

```
def operate(a,b):
    return a+b                        # 返回函数值


# 调用函数 operate()，输入两个数 100,200，将函数返回值赋值给 result
result = operate(100,200)
print(result)
```

【例 5.6】需求：编写一个函数，按照输入的运算符（只限于二元运算符），将输入的两个数进行运算，并返回运算结果。

分析：进一步拓展代码 5.5 中的 operate() 函数，增加一个参数 op，代表一个二元运算符，后面两个参数 a 和 b 的运算由 op 决定。

【代码 5.6】

```
def operate(op,a,b):
    return eval(str(a) + op + str(b))

result = operate('*',100,200)
print(result)
```

其中，eval() 函数是 Python 的内置函数，将输入的字符串作为 Python 代码进行执行，并返回执行结果。

5.1.2 函数的概念

1. 函数定义

Python 用 def 语句来定义函数，基本格式如下：

```
def 函数名([形式参数表]):
    函数体
```

```
    [return 返回值]
```

执行函数定义语句，会创建一个函数对象，不会执行函数体。

2. 函数调用

调用函数，就是执行一遍函数体，如果有参数的话，首先将实际参数对象的引用赋值给形式参数，基本格式如下：

```
函数名([实参列表])
```

函数必须先定义后调用。

3. 函数的参数

在定义函数的时候，函数名后面小括号中的参数列表叫作形式参数（简称形参）。在调用函数的时候，参数列表叫作实际参数（简称实形）。在调用函数的时候，如果有参数的话，需要先将实际参数赋值给形式参数，然后才执行函数体。

函数参数传递的方式有以下几种。

- **位置传递：**按照排列顺序，一一对应地传递，实参个数必须和形参个数相等。例如：

【代码 5.7】

```
def add(a,b):
    return a+b

s = add('abc','hello')          #'abc' 的引用赋值给 a,'hello' 的引用赋值给 b
```

- **关键字传递：**实参是以给形参赋值的方式传递的。这种传递方式，参数是无顺序的。例如：

【代码 5.8】

```
def add(a,b):
    return a+b

s = add(a=1,b=2.5)
t = add(b=3,a=5)
```

- **有默认值的参数：**定义函数的时候，可以为形参设置默认值。在调用函数时，如果没有给该形参赋值，就采用默认值。带默认值的形参，要放在参数表的末尾。例如：

【代码 5.9】

```
def add(a,b=100):
```

```
    return a+b

s = add(1, 2.5)                    #b采用2.5
t = add(b=3, a=5)                  #b采用3
p = add(a=200)                     #b采用默认值100
q = add(200)                       #b采用默认值100
```

➢ **传递任意个数的参数**：定义函数时，形参前面加“*”，表示该形参可以接收任意多个实参，这些实参保存在一个元组中。例如：

【代码 5.10】

```
def add(*a):
    print(a)                       #可以看到传递的参数形式
    s = 0
    for i in a:
        s += i
    return s

s = add(1,2.5)
print('sum=',s)
t = add(1,2,3)
print('sum=',t)
p = add()
print('sum=',p)
```

运行结果：

```
(1, 2.5)
sum=3.5
(1, 2, 3)
sum=6
()
sum=0
```

➢ **传递任意个数的关键字参数**：定义函数时，形参前面加“**”，该形参可以接收任意多个关键字实参，这些实参保存在一个字典中。例如：

【代码 5.11】

```
def demo(**a):
    print(a)
```

```

demo(name='lily',age=20)
demo(a=1,b=2,c=3)
```

运行结果：

```
{'name':'lily', 'age':20}
{'a':1, 'b':2, 'c':3}
```

➢ **混合参数**：多种参数形式混合时，不同种类参数的排列是有一定要求的。* 参数后面的参数，实参必须以关键字方式传递。例如：

【代码 5.12】

```
def demo(name,*args,age):
    print(name)
    print(args)
    print(age)

demo('lily',20,30)
```

运行结果：

```
Traceback (most recent call last):
          File "E:/test/test1.py", line 6, in <module>
              demo('lily',20,30)
TypeError:demo() missing 1 required keyword-only argument:'age'
```

* 参数后面的 age，在调用时必须用关键字传递方式，修改如下：

【代码 5.13】

```
def demo(name,*args,age):
    print(name)
    print(args)
    print(age)

demo('lily',20,age=30)
```

运行结果：

```
lily
(20,)
30
```

** 参数必须放在形参列表的末尾。

注意，当函数参数是可变类型时，在函数中可以改变参数的值。例如：

```
def go(a):
    a[0] = 1    # 改变参数的值

b = [0,1,2,3,4,5]
go(b)      # 参数为 b，可变类型
print(b)   #b 已经在函数 print() 中被改变了
```

运行结果：

```
[1, 1, 2, 3, 4, 5]
```

4. 函数的返回值

return 语句的语义是：终止当前函数的运行，并向函数调用者返回需要返回的函数值；如果 return 语句之后没有值，返回函数值为 None；如果函数中没有 return 语句，则执行完函数之后返回调用者，返回函数值为 None。例如：

【代码 5.14】

```
def add(a,b):
    return a+b

print(add(10,20))


def demo1():
    return 20,30

print(demo1())

def demo2(a,b):
    c = a + b

print(demo2(1,2))
```

运行结果：

```
30
(20, 30)
None
```

5. 函数名是保存函数引用的变量

例如：

【代码 5.15】

```
def go():
    print('in go!')

a = go                        # 函数 go() 的引用赋值给 a
a()                           # 用 a() 调用函数，和 go() 等同

def add(a,b):
    return a+b

b = add                       # 函数 add() 的引用赋值给 b
print(b(10,20))               # 用 b(10,20) 调用函数，和函数 add(10,20) 等同
```

运行结果：

```
in go!
30
```

5.2 变量作用域

在第一次给变量赋值时，Python 创建变量。第一次给变量赋值的位置，决定了变量的作用域，也就是变量的可访问范围。

（1）在函数中定义的变量，只在当前函数中可以访问。

例如：

【代码 5.16】

```
def go():
    mesg = 'hello'
    print(mesg)

print(mesg)                       # 本句出错，mesg 只能在 go() 函数内部被访问
```

运行结果：

```
Traceback (most recent call last):
```

```
        File "E:/Python_test/t5_16.py", line 5, in <module>
            print(mesg)
NameError:name 'mesg' is not defined
```

（2）函数外面定义的变量，可以在函数中访问。

例如：

【代码 5.17】

```
mesg = 'hello'

def go():
    print(mesg)                    # 函数中是可以访问函数外部定义的变量的

go()
```

运行结果：

```
hello
```

（3）函数外面定义的变量和函数中定义的变量同名时，函数中访问本地变量，外部变量被屏蔽。

例如：

【代码 5.18】

```
mesg = 'hello'

def go():
    mesg = 'world'                 # 函数中定义的变量和函数外定义的变量同名
    print(mesg)                    # 函数中访问本地的变量

go()
print(mesg)
```

运行结果：

```
world
hello
```

（4）在函数中为函数外面定义的变量赋值，如果在函数中访问外部变量，需要在函数中用 global 声明，函数中访问的变量为全局变量（外部的变量）。

例如：

【代码 5.19】

```
mesg = 'hello'                    # 全局变量 mesg

def go():
    global mesg                   # 声明函数内容访问的是全局变量 mesg
    print(mesg)                   # 输出全局变量 mesg
    mesg = 'world'                # 对全局变量 mesg 进行赋值
    print(mesg)                   # 输出全局变量 mesg

go()
print(mesg)                       # 输出全局变量 mesg
```

运行结果：

```
hello
world
world
```

（5）以上规则也同样适用于函数嵌套定义的情形。内部函数中定义的变量，只能在内部函数中访问。

例如：

【代码 5.20】

```
def outer():
    def inner():
        mesg = 'world'       # 在内部函数中定义的变量，只在内部函数中可访问
        print(mesg)

    inner()
print(mesg)                  # 本句出错，不能在外部函数中访问内部函数中定义的变量
outer()
```

运行结果：

```
Traceback (most recent call last):
world
  File "E:/Python_test/t5_20.py", line 8, in <module>
    outer()
  File "E:/ Python_test/t5_20.py ", line 7, in outer
    print(mesg)
NameError:name 'mesg' is not defined
```

（6）外部函数中定义的变量，可以在内部函数中访问。

例如：

【代码 5.21】

```
def outer():
    mesg = 'world'
    def inner():
        print(mesg)                # 内部函数中可以访问外部函数中定义的变量

    inner()
    print(mesg)
outer()
```

运行结果：

```
world
world
```

（7）外部函数中定义的变量和内部函数中定义的变量同名时，内部函数中访问本地变量，外部函数中的变量被屏蔽。

例如：

【代码 5.22】

```
def outer():
    mesg = 'world'             # 外部函数中定义的变量 mesg
    def inner():
        mesg = 'hello'         # 内部函数中定义的变量与外部函数中定义的变量同名
        print(mesg)            # 内部函数的范围为本函数中定义的变量

    inner()
    print(mesg)                # 访问外部函数中定义的变量

outer()
```

运行结果：

```
hello
world
```

（8）在内部函数中要为外部函数中定义的变量赋值，需要在内部函数中用 nonlocal 声明，内部函数中访问的变量为外部函数中的变量。

例如：

【代码 5.23】

```
def outer():
    mesg = 'world'              # 外部函数中定义的变量 mesg
    def inner():
        nonlocal mesg           # 声明内部函数中访问外部函数中的变量 mesg
        print(mesg)             # 输出外部函数中的变量 mesg
        mesg = 'hello'          # 为外部函数中的变量 mesg 赋值
        print(mesg)             # 输出外部函数中的变量 mesg

    inner()
    print(mesg)                 # 输出外部函数中的变量 mesg

outer()
```

运行结果：

```
world
hello
hello
```

5.3 编程练习

1. 编程练习一

需求：定义一个函数，每调用一次，输出 10 个 *。

【代码 5.24】

```
def star():
    print(10 * '*')

star()
```

2. 编程练习二

需求：定义一个函数，每调用一次输出若干个 *，个数由参数传递。

【代码 5.25】

```
def star2(count):
    print(count*'*')

star2(20)
```

3. 编程练习三

需求：定义一个函数，输入两个数，函数返回两个数的和。

【代码 5.26】

```
def add(a,b):
    return a + b

print(add(10,20))
```

4. 编程练习四

需求：定义一个函数，输入任意多个数，返回这些数的和。

【代码 5.27】

```
def add(*args):
    sum = 0
    for i in args:
        sum += i
    return sum

print(add(1,2,3))
```

5. 编程练习五

需求：定义一个函数，按照输入的行数和要求（直角三角形、等腰三角形）打印杨辉三角形。

比如，5 行的杨辉三角形如下：

1	1
11	1 1
121	1 2 1
1331	1 3 3 1
14641	1 4 6 4 1

分析：

杨辉三角形的特征是，每行的首元素和尾元素为 1，首尾之间的元素是上一行的对应元素和前一个元素之和。因为每次计算一行元素时是需要上一行元素的，所以每个元素都需要保存起来。可以用列表来保存杨辉三角形，每行是一个子列表。例如，5 行的杨辉三角形就是存储为 [[1]，[1,1]，[1,2,1]，[1,3,3,1]，[1,4,6,4,1]]。

输出为直角三角形还是等腰三角形，区别是等腰三角形在每行前面要输出若干个空格，直角三角形在每行前面要输出的空格为 0 个。

【代码 5.28】

对应视频：第 5 章 –1– 代码 5.28–1.mp4
第 5 章 –2– 代码 5.28–2.mp4
第 5 章 –3– 代码 5.28–3.mp4

```
def yanghui(line,type):    #type=0:直角，等腰
    yang = [[1]]
    for h in range(1, line):
        hang = [1]
        for c in range(1, h):
            hang.append(yang[h-1][c] + yang[h-1][c-1])
        hang.append(1)
        yang.append(hang)

    space = line-1
    for h in yang:
        print(' '*space*type,end='')    #直角时，type 为 0；等腰时，type 为 1
        for c in h:
            print(c,end=' ')
        print()
        space-= 1

yanghui(5,0)
```

6. 编程练习六

需求：定义一个求若干个数的方差的函数。

方差是若干个数的平方的均值减去均值的平方，公式如下：

$$s=\frac{x_1^{\ 2}+x_2^{\ 2}+x_3^{\ 2}+\cdots+x_n^{\ 2}}{n}-\left(\frac{x_1+x_2+x_3+\cdots+x_n}{n}\right)^2$$

【代码 5.29】

```
def fc(*args):
```

```
    t1 = 0
    t2 = 0
    for i in args:
        t1 += i**2
        t2 += i
    return t1 / len(args) + (t2 / len(args))**2
```

7. 编程练习七

需求：学习各种类型的参数传递的案例。

go(name,age, *args, hobby='没有',**kwargs)

调用：

go('lily',20,'teacher','designer','programmer','swimming',address='广州',tel='123456')

掌握各种参数的特点和要求。

【代码 5.30】

```
def go(name,age=19,*arg,hobby='no',**kwargs):
    print(name)
    print(age)
    print(arg)
    print(hobby)
    print(kwargs)

go('lily',20,'teacher','programmer','writer',hobby1='swimming',tel='11111',address='gupt',sex='male')
print('另一种调用:')
go('lily',20,'teacher','programmer','writer',hobby='swimming',tel='11111',address='gupt',sex='male')
```

运行结果：

lily

20

('teacher', 'programmer', 'writer')

no

{'hobby1': 'swimming', 'tel': '11111', 'address': 'gupt', 'sex': 'male'}

另一种调用：

lily

20

('teacher', 'programmer', 'writer')
swimming
{'tel': '11111', 'address': 'gupt', 'sex': 'male'}

8. 编程练习八

需求：学习以下程序，掌握变量作用域的案例（global，nonlocal）。

【代码 5.31】

```
address = 'guangzhou'
def come():
    global address
    address = 'beijing'
    print(address)

come()
print(address)

def go():
    address = 'guangzhou'
    def gointo():
        nonlocal address
        address = 'beijing'
        print(address)
    gointo()
    print(address)

go()
```

5.4 内置函数

Python 内部自带了一些函数，可以直接调用，这些函数叫作“内置函数”。这里，列出 Python 3.5 的内置函数，见表 5-1。

表 5-1　Python 3.5 的内置函数

abs()	delattr()	hash()	memoryview()	set()
all()	dict()	help()	min()	setattr()
any()	dir()	hex()	next()	slice()
ascii()	divmod()	id()	object()	sorted()
bin()	enumerate()	input()	oct()	staticmethod()
bool()	eval()	int()	open()	str()
breakpoint()	exec()	isinstance()	ord()	sum()
bytearray()	filter()	issubclass()	pow()	super()
bytes()	float()	iter()	print()	tuple()
callable()	format()	len()	property()	type()
chr()	frozenset()	list()	range()	vars()
classmethod()	getattr()	locals()	repr()	zip()
compile()	globals()	map()	reversed()	__import__()
complex()	hasattr()	max()	round()	

下面介绍常用函数的功能。

5.4.1　算术函数

1. abs()

abs() 函数的功能是求数值的绝对值。例如：

```
>>> abs(-2)
2
```

2. divmod()

divmod() 函数返回两个数值的商和余数。例如：

```
>>> divmod(10,3)
(3, 1)
```

3. max()

max() 函数返回可迭代对象的元素中的最大值或者所有参数的最大值。例如：

```
>>> max(-1,1,2,3,4)            # 输入多个参数 取其中较大者
4
```

```
>>> max('1245657')              # 输入 1 个可迭代对象，取其最大元素值
'7'
```

4. min()

min() 函数返回可迭代对象的元素中的最小值或者所有参数的最小值。例如：

```
>>> min(-1,12,3,4,5)
-1
>>> min('1234545')
'1'
```

5. pow()

pow() 函数的功能是取两个值的幂运算值。例如：

```
>>> pow(2,3)
8
```

6. round()

round() 函数的功能是对浮点数进行四舍五入操作。例如：

```
>>> round(1.456778888)
1
>>> round(1.4567787888,2)
1.46
```

7. sum()

sum() 函数的功能是对元素类型是数值的可迭代对象中的每个元素求和。例如：

```
>>> sum((1,2,3,4))
10
>>> sum([1,2,3,4])
10
>>> sum((1.1,1.2,1.3))
3.5999999999999996
>>> sum((1,2,3,4),-10)
0
```

5.4.2 数据类型转换函数

1. bool()

bool() 函数的功能是根据输入的参数的逻辑值创建一个新的布尔值。例如：

```
>>> bool()
False
>>> bool(1)
True
>>> bool(0)                    # 数值 0，空序列等参数的逻辑值为 False
False
>>> bool('str')
True
```

2. int()

int() 函数的功能是根据输入的参数创建一个新的整数。例如：

```
>>> int()          # 不输入参数时，得到结果 0
0
>>> int(3)
3
>>> int(3.6)
3
>>> int('3')
3
```

3.float()

float() 函数的功能是根据输入的参数创建一个新的浮点数。例如：

```
>>> float() # 不输入参数时，返回 0.0
0.0
>>> float(3)
3.0
>>> float('3')
3.0
```

4. complex()

complex() 函数的功能是根据输入参数创建一个新的复数。例如：

```
>>> complex() # 当两个参数都不输入时，返回复数 0j。
0j
>>> complex('1+2j') # 输入字符串创建复数
(1+2j)
>>> complex(1,2) # 输入数值创建复数
(1+2j)
```

5.str()

str() 函数返回一个对象的字符串表现形式。例如：

```
>>> str()
''
>>> str(None)
'None'
>>> str('abc')
'abc'
>>> str(123)
'123'
```

6. ord()

输入一个字符，ord() 函数返回该字符对应的 ASCⅡ数值。例如：

```
>>> ord('a')
97
```

7. chr()

输入一个整数（范围为 0 ～ 255），chr() 函数返回此整数的 ASCⅡ数值对应的字符。例如：

```
>>> chr(97)
'a'
```

8. bin()

bin() 函数的功能是将整数转换成二进制字符串。例如：

```
>>> bin(3)
'0b11'
```

9. oct()

oct() 函数的功能是将整数转化成八进制字符串。例如：

```
>>> oct(10)
'0o12'
```

10. hex()

hex() 函数的功能是将整数转换成十六进制字符串。例如：

```
>>> hex(15)
'0xf'
```

5.4.3 序列函数

1. all()

all() 函数的功能是，判断可迭代对象的每个元素是否不为 0、''（空字符串）、False，或者可以迭代对象为空，是，返回 True，否则返回 False。例如：

```
>>> all([1,2])            # 列表中每个元素逻辑值均为 True，返回 True
True
>>> all([0,1,2])          # 列表中有元素为 0，返回 False
False
>>> all(()) # 空元组
True
>>> all({}) # 空字典
True
```

2. any()

any() 函数的功能是，判断可迭代对象的元素是否有为 True 值的元素，有，返回 True，否则返回 False。例如：

```
>>> any([0,1,2]) # 列表元素有一个为 True，返回 True
True
>>> any([0,0]) # 列表元素全部为 False，返回 False
False
>>> any([]) # 空列表
False
```

```
>>> any({}) #空字典
False
```

3. filter()

filter() 函数的功能是，使用指定方法过滤可迭代对象的元素，留下函数返回值为真的元素。例如：

```
>>> a = list(range(1,10))                #定义序列
>>> a
[1, 2, 3, 4, 5, 6, 7, 8, 9]
>>> def if_odd(x):                       #定义奇数判断函数
    return x%2==1
>>> list(filter(if_odd,a))               #筛选序列中的奇数
[1, 3, 5, 7, 9]
```

4. map()

map() 函数的功能是，使用指定方法去作用输入的每个可迭代对象的元素，生成新的可迭代对象。例如：

```
>>> a = map(ord,'abcd')
>>> a
<map object at 0x03994E50>
>>> list(a)
[97, 98, 99, 100]
```

5. reversed()

reversed() 函数的功能是，反转序列生成新的可迭代对象。例如：

```
>>> a = reversed(range(10)) # 输入 range 对象
>>> a # 类型变成迭代器
<range_iterator object at 0x035634E8>
>>> list(a)
[9, 8, 7, 6, 5, 4, 3, 2, 1, 0]
```

6. sorted()

sorted() 函数的功能是，对可迭代对象进行排序，返回一个新的列表。例如：

```
>>> a = ['a','b','d','c','B','A']
```

```
>>> a
['a', 'b', 'd', 'c', 'B', 'A']
>>> sorted(a) # 默认按字符ascii码排序
['A', 'B', 'a', 'b', 'c', 'd']
```

7. zip()

zip() 函数的功能是，将输入的每个可迭代对象中相同位置的元素分别构成元组，返回由所有元组构成的迭代器。如果输入的可迭代对象的长度不同，以最短长度为准。例如：

```
>>> x = [1,2,3] #长度3
>>> y = [4,5,6,7,8] #长度5
>>> list(zip(x,y)) # 取最小长度3
[(1, 4), (2, 5), (3, 6)]
```

5.4.4 对象操作

1. type()

type() 函数返回对象的类型。例如：

```
>>> type(1)
<class 'int'>
>>> type({'name':'lily'})
<class 'dict'>
```

2. len()

len() 函数返回对象的长度。例如：

```
>>> len('abcd')
4
>>> len((1,2,3,4))
4
>>> len([1,2,3,4])
4
>>> len(range(1,5))
4
>>> len({'a':1,'b':2,'c':3,'d':4})
4
```

```
>>> len({'a','b','c','d'})
4
```

5.4.5 编译运行

1. eval()

eval() 函数用来执行一个字符串表达式，并返回表达式的值。例如：

```
>>>x = 7
>>> eval( '3 * x' )
21
>>> eval('pow(2,2)')
4
>>> eval('2 + 2')
4
>>> n=81
>>> eval("n + 4")
85
```

2. exec()

exec() 函数执行存储在字符串或文件中的 Python 语句，返回值永远为 None，同 eval() 函数相比可以执行更复杂的代码。例如：

```
>>>exec('print("Hello World")')
Hello World
>>>program = 'a = 5\nb=10\nprint("sum =", a+b)'
>>>exec(program)
sum=15
```

5.5 模　块

5.5.1 模块的概念

在 Python 中，模块是包含各种语句的 .py 文件。

一个有规模的软件，不会将所有的代码都写在一个文件中，而是根据功能划分为不同的模块（文件），这样提高了代码的可维护性和重用性。模块中的变量名和函数名，只在当前模块中有效，不同模块中的变量名和函数名是可以相同的。这样避免了庞大代码量中函数名和变量名冲突的问题。

模块可以分为以下三种。

- 内置模块：Python 自带的模块。
- 自定义模块：程序员自己开发的模块。
- 第三方模块：需要下载、安装并导入。

如果要使用一个模块中定义的变量或者函数，需要先导入该模块。

5.5.2 模块的导入

1. 用 import 语句导入

导入模块的本质就是把模块执行一遍。

import 语句用于导入整个模块，导入模块之后，采用以下形式引用模块中的对象：

模块名 . 对象名

例如：

【代码 5.32】

```
import math                              # 导入 Python 标准库中的 math 模块

print(math.e)                            # 输出常量 e 的值
print(math.pow(2,3))                     # 输出 2 的 3 次方
```

运行结果：

2.718281828459045

8.0

例如：

【代码 5.33】

```
import time as t                          # 导入 time 模块，并将其重命名为 t
s = t.ctime()                     # 调用 time 模块中的 ctime() 函数，得到当前时间
print(s)
```

2. 用 from 语句导入

from 语句用于导入模块中的指定对象，导入之后直接用对象名引用。

例如：

【代码 5.34】

```
from math import e,pow          # 导入 math 模块中的常量 e 和 pow() 函数
print(e)
print(pow(2,3))

from math import *              # 导入模块顶层的所有变量和函数

print(e)
print(pow(2,3))
```

注意：使用 from 语句导入模块，可以直接使用变量名引用模块中的对象，不用添加“模块名。”作为限定词。但是，在当前模块和导入模块中存在重名的时候，这种便利有可能会产生歧义性。一般情况，建议使用 import 来执行导入。

5.5.3　模块的 __name__ 属性

一个模块可以用来被导入，也可以被直接运行。可以通过模块的 __name__ 属性的值，来区别当前模块是被导入还是被直接运行。当模块被直接运行时，该模块的 __name__ 属性值为 __main__；当模块被其他模块导入时，该模块的 __name__ 属性值为模块名。例如：

test.py 的内容如下：

```
print(__name__)
```

当直接运行 test.py 时，输出的 __name__ 的值为 __main__。

test2.py 的内容如下：

```
import test
```

运行 test2，输出的值为 test。

模块是由若干函数组成的。一般情况，可以指出当前模块被直接运行时的执行入口，用于直接运行模块的测试工作，例如，代码 5.35 中的第 5 行。

【代码 5.35】

```
1    def come():
2        pass
3    def go():
4        pass
5    if __name__ == '__main__':          # 即当前模块被直接运行时
6        come()
```

5.6 编程练习

1. 编程练习九

需求：定义写日志的函数，每次调用都可以向日志文件发送时间和操作内容。

【代码 5.36】

对应视频：第 5 章 -4- 代码 5.36.mp4

```
import  time
def log(operate):
    time_current = time.strftime('%Y-%m-%d %X:')

    with open('log.txt','a') as f:
        f.write(time_current + operate + '\n')

def insert():
    print('insert...!')
    log('insert')

def delete():
    print('delete...!')
    log('delete')
if __name__ == '__main__':
insert()                    # 进行"插入"工作，并写入日志
delete()                    # 进行"删除"工作，并写入日志
```

2. 编程练习十

需求：产生随机的 4 位验证码（需要包括数字和字母）。

分析：

4 位验证码的每一位是数字还是字母，要随机指定。

如果指定为数字，则是 0 到 9 中的一个随机数字。

如果指定为字母，则是 a 到 z、A 到 Z 中的一个随机字母。

【代码 5.37】

对应视频：第 5 章 -5- 代码 5.37.mp4

```
import random
```

```
code = ''
for i in range(4):
    r = random.randint(0,3)
    if i == r:
        #字母
        while True:
            m = random.randint(65,122)
            if not(m > 90 and m < 97):
                break
        code += chr(m)
    else:
        #数字
        m = random.randint(0,9)
        code += str(m)
print(code)
```

5.7 习　题

1. 编写函数，输入一个参数 *n*，返回 *n* 的阶乘。

2. 编写一个函数，参数为若干个整数，返回参数中的最大值。

3. 编写一个函数，参数 *n* 为偶数时，返回 1/2+1/4+…+1/*n* 的值；参数 *n* 为奇数时，返回 1/1+1/3+…+1/*n* 的值。

4. 编写一个函数，返回输入字符串中的数字、字母、空格和其他字符的个数。

5. 编写一个函数，输入三个整数，分别代表年、月、日，返回输入的这一天是当年的第几天，当输入年、月、日为不合理数据时，返回 –1。

第6章 异常

本章课件

当程序中出现语法错误和逻辑错误时，需要程序员修改程序。但是，程序运行时可能因为一些异常情况而无法正常进行下去，比如，需要的文件不存在、网络连接失败、用户输入数据类型错误等。为了让程序在发生异常情况时，不至于意外崩溃，Python 通过异常处理机制进行处理。为了保证程序的健壮性，异常处理是必须的。

6.1 异常的概念

在编写程序和运行程序的时候，难免会遇到各种错误和异常，这些错误和异常主要分为两类：

一类，是程序的语法错误或者程序设计的逻辑错误。对于这类错误，需要程序员通过修改程序来解决。

另一类，是程序运行过程中的异常情况。例如，要打开的文件不存在、用户输入的数据类型不兼容、网络连接失败等，这些情况使得程序无法正常运行下去。Python 采用异常处理机制，当异常发生时，程序能够给予适当地处理，避免程序运行过程中意外退出。

6.2 异常处理机制

Python 异常处理语句的基本结构如下：

```
try:
```

```
    # 可能发生异常的代码
except 异常类型名 1:
    # 异常处理代码 1
except 异常类型名 2:
    # 异常处理代码 2
…
except:
    # 前面未捕获的异常处理
else:
    # 未发生异常时，要执行的代码
finally:
    # 无论有无发生异常，都需要执行的代码
```

语句执行过程：

- 当 try 中的语句没有发生任何异常时，所有的 except 异常处理子句将被越过，如果有 else 子句或者 finally 子句，就执行。
- 当 try 中的某个语句发生异常时，此语句之后的所有语句将被越过，抛出的异常对象将依次和每个 except 后面的异常类型进行匹配，如果类型相同或者相容（是 except 之后类型的子类），就执行相应的 except 之后的异常处理子句。如果所有的 except 子句都不能匹配，程序会中断，异常对象抛出到调用者或者抛出到控制台。except 子句之后没有类型，则可以匹配所有类型的异常。所以，通常将这个子句放在最后，捕获之前的 except 子句都没有捕获到的异常对象。
- 当 try 中没有发生任何异常时，就执行 else 子句。else 子句是可选的。
- 不管 try 中是否发生异常，在退出 try 语句前都执行 finally 子句，不管是正常退出、异常退出，还是通过 break、continue、return 语句退出。finally 子句是可选的。

由此，一般情况下，异常处理的写法如下：

①如果有多个 except 子句，一般子类类型排在父类类型之前，except 无类型子句排在最后。

②最后的 except 子句，也可以写为所有异常的基类 Exception，用来捕获未捕获的异常对象，并通过别名输出异常对象的信息。

③ finally 子句中一般是资源释放、内存清理等必须执行的工作。

例如：

【代码 6.1】

```
try:
    x = int(input('请输入一个被除数：'))
```

```
    y = int(input('请输入一个除数：'))
    print(x,'/',y,'=',x/y)
except ValueError:
    print('请输入整数！')
except ZeroDivisionError:
    print('除数不可以为0！')
except Exception as e:
    print(e)
else:
    print('正常。')
finally:
    print('再见！')
```

运行结果：

运行1：

```
请输入一个被除数：3
请输入一个除数：2
3/2 = 1.5
正常。
再见!
```

运行2：

```
请输入一个被除数：2.3
请输入整数!
再见!
```

运行3：

```
请输入一个被除数：3
请输入一个除数：0
除数不可以为0！
再见!
```

6.3 常见内置异常类型

常见内置异常类型见表6-1。

表 6-1　常见内置异常类型

ArithmeticError	所有数值计算异常的基类
EOFError	使用 input() 函数读文件时，遇到文件结束标志 EOF 时发生异常
NameError	试图访问的变量名不存在
SyntaxError	语法错误，代码形式异常
IndentationError	缩进异常
Exception	所有异常的基类
IOError	一般常见于打开不存在文件时会引发的输入、输出异常
KeyError	使用了映射中不存在的关键字（键）时引发的关键字异常
IndexError	索引错误，使用序列对象的下标超出范围时引发的异常
TypeError	类型错误，在运算或函数调用中，使用了不兼容的类型时引发的异常
ZeroDivisonError	除数为 0 异常
ValueError	值错误，传给对象的参数类型不正确，像是给 int() 函数传入了字符串数据类型的参数

6.4 主动引发异常

在编程过程中，可以在某种情况下主动地引发异常。可以用 raise 或者 assert 语句主动引发异常。

6.4.1 用 raise 语句引发异常

raise 语句的基本格式如下：

```
raise 异常类型名
raise 异常类型对象名
raise
```

例如：

【代码 6.2】

```
try:
    age = int(input('请输入年龄：'))
    if age < 18:
        raise Exception('年龄不能低于 18')      # 当输入年龄小于 18 时，发起异常
except ValueError:
    print('年龄必须是整数')
except Exception as e:
```

```
        print(e)
```

运行结果：

运行 1：

```
请输入年龄：a
年龄必须是整数
```

运行 2：

```
请输入年龄：12
年龄不能小于 18
```

6.4.2 用 assert 语句引发异常

assert 语句的基本格式如下：

```
assert 判断表达式 [, information]
```

当判断表达式为 True 时，程序继续执行，当判断表达式为 False 时，程序停止运行，抛出 AssertionError 异常，并输出 information。

assert 语句主要用于程序员对程序的单元测试。例如：

```
a = 1
assert a!=1, '结果不是 1'
```

运行结果：

```
Traceback (most recent call last):
  File "……", line 2, in <module>
     assert a!=1, '结果不是 1'
AssertionError: 结果不是 1
```

也可以将代码用 try 来捕获 assert 语句引发的 AssertionError 异常。例如：

```
try:
     a = 1
     assert a!=1, '结果不是 1'
except Exception as e:
     print(e)
```

运行结果：

```
结果不是 1
```

6.5 习　　题

一、选择题

1. 在完整的异常语句中，顺序正确的是（　　）。

A. try---->except----->else---->finally　　B. try---->else---->except----->finally

C. try---->except----->finally--->else　　D.try----->else---->else----->except

2. 当 try 语句中没有任何错误信息时，一定不会执行（　　）语句。

A. try　　B. else　　C.finaly　　D. except

二、判断题

1. 在使用异常时必须先导入 exceptions 模块。(　　)
2. 一个 try 语句只能对应一个 except 子句。(　　)
3. 如果 except 子句没有指明任何异常类型，则表示捕捉所有的异常。(　　)
4. 无论程序是否捕捉到异常，一定会执行 finally 语句。(　　)
5. 所有的 except 子句一定在 else 和 finally 的前面。(　　)

第7章 文件

本章课件

要将内存数据持久地保存，就需要将其保存到外存中。保存在外存的数据称为“文件”。

程序可以操作的是内存数据，由此，只有将外存中的数据读入内存，程序才可以对这些数据进行处理。

Python 提供一系列方法对文件进行操作。

文件可以以字符为单位进行读写，也可以以二进制字节为单位进行读写。

将内存中某种类型的对象直接写入文件，或者从文件直接读出某种类型的对象，这其中的转换工作，可以通过 pickle 等对象序列化模块来完成。

7.1 文件操作的基本步骤

1. 文件的概念

要想持久地保存数据，就需要将数据存储在外存中，存储在外存的数据是以操作系统的“文件”方式进行管理的。反之，程序如果要对外存中存储的数据进行处理，需要先将外存中的“文件”读入内存。

2. 文件操作的基本步骤

Python 用一系列的内置函数进行文件的读写操作。

文件读写操作的基本步骤：

①打开文件。使用 open() 函数获得一个文件对象。将一个磁盘文件对应到 Python 中

的一个文件对象，利用这个对象对磁盘文件进行操作。

②读写文件。使用 read()、write() 等函数进行文件的读写。

③关闭文件。使用 close() 函数关闭文件。

7.2 打开文件

Python 用内置函数 open() 打开文件，获得一个文件对象。open() 函数的基本格式如下：

```
文件对象名 = open(文件名字符串 [, 文件打开方式字符串 ])
```

文件打开方式有以下几种。

① r：只读，文件打开的默认方式。如果文件不存在，则抛出 FileNotFoundError 异常。

② w：只写。如果文件不存在，则创建新文件；如果文件已经存在，则覆盖写。

③ a：追加写。如果文件不存在，则创建新文件；如果文件已经存在，则从文件尾开始追加写。

④ b：以二进制方式打开（不能单独使用，需要组合使用，例如 rb，wb，ab 等）。文件操作，默认为文本方式，即从文件中读写的是以一种特定的编码格式（默认是 UTF-8）进行编码的字符串；如果以二进制方式打开，文件将以二进制字节对象的形式进行读写。

⑤ +：读写（不能单独使用，需要组合使用，例如 r+，w+，a+，rb+，wb+，ab+）。

r+、w+、a+ 都是读写，三者的区别：

r+：读写。如果文件不存在，则抛出异常。当写入的时候，是覆盖写。

w+：读写。如果文件不存在，则创建新文件；如果文件已经存在，写入的时候是覆盖写。

a+：读写。如果文件不存在，则创建新文件；如果文件已经存在，写入的时候是追加写。

7.3 读写文件

通过 open() 函数得到文件对象 f，常用的读写文件函数见表 7-1。

表 7-1　常用的文件读写函数

文件读写函数	说明
f.read([size])	读入 size 个字符（或者字节），默认读入整个文件，返回一个字符串（或者 bytes 对象）

续表

文件读写函数	说明
f.readline()	读入下一个换行符之前的内容（包括换行符 \n），返回一个字符串。如果到达文件尾，则返回空字符串
f.readlines()	读入整个文件，返回一个字符串列表，每行是一个字符串
f.write(str)	将字符串 str 写入文件，返回写入的字符个数
f.writerlines(slist)	将字符串列表 slist 写入文件，返回写入的字符个数
f.seek(n)	将文件指针移动到第 n 个字节，0 代表文件开头

1. 读写文本文件

阅读以下代码，明确每句的功能：

【代码 7.1】

```
f = open('test.txt','w')              # 以 'w' 方式打开文件，如果文件不存在，则创建
f.write('line1\n')
f.write('line2\n')
f.writelines(['line3\n','line4\n','line5\n'])
f.close()

f = open('test.txt','r')         # 以 'r' 方式打开文件
print(f.read(2))                      # 读入 2 个字符，并输出
print(f.readline())              # 读入下个换行符之前的内容（包括换行符），并输出
print(f.readlines())             # 读入当前文件指针开始的所有内容，得到一个字符串列
                                   表，并输出
f.seek(0)                             # 文件指针回到文件开头
print(f.read())                  # 读入文件所有内容，并输出
print('------------------------')


f.seek(0)
for line in f:                   # 迭代输出文件的每一行
print(line,end='')               # 每行结尾取消默认的换行符
f.close()
```

运行结果：

```
li
ne1
```

```
['line2\n', 'line3\n', 'line4\n', 'line5\n']
line1
line2
line3
line4
line5

-------------------------
line1
line2
line3
line4
line5
```

2. 读写二进制文件

阅读以下代码，明确每句的功能：

【代码 7.2】

```
f = open('test2.txt','wb')
line = bytes('hello\n','utf-8')        # 用 utf-8 方式对字符串进行编码
f.write(line)
line = bytes('world\n','utf-8')
f.write(line)
f.close()

print('用二进制方式读入：')
f = open('test2.txt','rb')              # 用二进制方式，读出的是 b'hello\nworld\n'
t = f.read()
print(t)
t = t.decode('utf-8')                   # 用 utf-8 编码方式进行解码
print(t)

print('用文本方式读入：')
f = open('test2.txt')
print(f.read())
f.close()
```

运行结果：

用二进制方式读入：

```
b'hello\nworld\n'
hello
world
```

用文本方式读入：

```
hello
world
```

3. 用 with 语句实现文件读写

with 语句可以在文件对象使用之后正常关闭文件，可以避免程序员忘记关闭文件而导致出错的可能。

例如：

【代码 7.3】

```
with open('test.txt','w') as f:
    f.write('line1\n')
    f.writelines(['line2\n','line3\n','line4\n'])

with open('test.txt','r') as f:
    for line in f:
        print(line,end='')
```

7.4 关闭文件

未关闭的文件，文件处于被占用状态，会影响其他任务对文件的操作，可能导致缓存中的数据并没有写入文件，从而造成各种错误。所以，文件操作之后，需要用 close() 函数关闭文件；或者，在使用 with 语句时由 with 语句负责关闭文件。

7.5 对象序列化

内存中的任意数据对象，需要存入外存文件而持久地保存；之后，还要能够从文件中读取出来，还原为原来的数据类型的对象。

这中间首先需要将任意类型的数据对象，转换为可以存入磁盘文件的数据格式，再存入磁盘文件，这种数据转换工作就叫作“对象序列化”；当从磁盘文件中读取数据时，还要能够还原为原来的数据类型，这种数据还原工作就叫作“对象反序列化”。

Python 有若干模块用来实现对象的序列化和反序列化，下面以 Python 中的内置模块 pickle 为例介绍对象序列化的实现方法。例如：

【代码 7.4】

```
import pickle                                                   # 导入 pickle 模块

content = ['hello',(1,2,3),{'name':'lily','age':20}]     # 内存对象

with open('test.pkl','wb') as f:  # 用二进制方式打开文件
    #dump() 函数将任意类型的对象序列化为二进制数据，存入磁盘文件
    pickle.dump(content,f)

with open('test.pkl','rb') as f:
    #load() 函数将文件中的二进制数据反序列化为原来的对象
    t = pickle.load(f)
print(t)
```

运行结果：

```
['hello',(1,2,3),{'name':'lily','age':20}]
```

也可以只做序列化和反序列化，不存入文件。例如：

【代码 7.5】

```
import pickle                                                   # 导入 pickle 模块

content = ['hello',(1,2,3),{'name':'lily','age':20}]       # 内存对象

p = pickle.dumps(content)      #dumps() 函数将任意类型的对象序列化为二进制数据
d = pickle.loads(p)            #loads() 函数将二进制数据反序列化为原来的对象
print(d)
```

运行结果：

```
['hello',(1,2,3),{'name':'lily','age':20}]
```

7.6 编程练习

需求：学生信息管理系统，其菜单功能包括“显示所有学生信息”“查询学生”“增加新学生”“修改学生”“查看日志”“退出”。

每个学生是一个字典（包括学号、姓名、年龄），所有学生数据是字典的列表，学生信息需要写入磁盘文件保存。

每次操作，都会在日志文件写入一条，包括时间和操作的内容。

运行效果要求如下。

①首先显示主菜单，具体如下：

```
1. 显示所有学生信息
2. 查询学生
3. 增加新学生
4. 修改学生
5. 查看日志
6. 退出
请输入选项：
```

②当输入选项 3 时，读入新学生的学号、姓名、年龄。例如：

```
请输入选项：3
请输入学号：1000
请输入姓名：lily
请输入年龄：20
插入成功！
```

其中，学号必须是 4 位数字，并且不能和已经存在的学生的学号重复；年龄必须大于 10 小于 50，否则显示“年龄格式不正确！”。如果输入数据有误，则重新进入“增加新学生”选项，直到成功增加新学生，再次显示主菜单。将本次操作写入日志文件。

③当输入选项 1 时，输出表头“学号　姓名　年龄”，显示所有学生信息，每个学生信息占一行。将本次操作写入日志文件，再次显示主菜单。

④当输入选项 2，提示输入要查找学生的学号，如果找到了，就输出表头“学号　姓名　年龄”，显示查找到的学生信息；如果该学号不存在，则输出“没找到！”。将本次操作写入日志文件，再次显示主菜单。

⑤当输入选项 4，提示输入要修改的学生学号，提示输入该学生新的姓名，如果不改变姓名，则直接回车；提示输入该学生新的年龄，如果不改变年龄，则直接回车。将该学生新的信息写入磁盘替代原有信息。如果该学号不存在，则输出“该学号不存在！”。将

本次操作写入日志文件，再次显示主菜单。

⑥当输入选项 5，显示日志文件，形如：

2019-08-22 12:27:06 显示所有的学生信息。

2019-08-22 12:29:13 插入新学生，学号—1000 姓名—lily 年龄—20。

2019-08-22 12:35:04 显示所有的学生信息。

2019-08-22 12:51:17 查询学生信息，学号：1000。

2019-08-22 12:51:58 修改学生信息：学号—1000 新的姓名—peter 新的年龄—30。

再次显示主菜单。

⑦当输入选项 6，退出程序。

【代码 7.6】

对应视频：第 7 章 –1– 代码 7.6–1.mp4

第 7 章 –2– 代码 7.6–2.mp4

第 7 章 –3– 代码 7.6–3.mp4

第 7 章 –4– 代码 7.6–4.mp4

第 7 章 –5– 代码 7.6–5.mp4

```
import pickle
import time
def main():
    menu = [
        ['1. 显示所有学生信息 ',showall],
        ['2. 查询学生 ',search],
        ['3. 增加新学生 ',insert],
        ['4. 修改学生 ',update],
        ['5. 查看日志 ',showLog],
        ['6. 退出 ',over]
    ]
    while True:
        try:
            for i in menu:                    # 显示主菜单
                print(i[0])
            choice = int(input(' 请输入选项: '))
            if choice < 1 or choice > len(menu):
                raise
        except:
            print(' 请输入合理的选项 , 从 1 到 ' + str(len(menu)))
```

```
            continue
        menu[choice - 1][1]()                    # 调用用户选项对应的函数

def readfile():                          # 将学生信息从磁盘文件读入内存列表 userlist
    global userlist
    try:
        with open('student.dat','rb') as f:
            userlist = pickle.load(f)
    except FileNotFoundError:
        userlist = []

def writefile():                         # 将内存列表 userlist 中所有学生信息写入磁盘文件
    global userlist
    with open('student.dat','wb') as f:
        pickle.dump(userlist,f)

def showall():                           # 显示所有学生信息
    global  userlist
    readfile()

    print('学号','姓名','年龄',sep='     ')
    for s in userlist:
        print(s['id'],s['name'],str(s['age']),sep='    ')
    log('显示所有的学生信息。')

def search():                                  # 按学号查询学生信息
    global userlist
    readfile()

    id = input('请输入查找的学号：')
    for s in userlist:
        if s['id'] == id:
            print('找到学生：学号--',s['id'],'，姓名--',s['name'],'年龄--
',str(s['age']))
            break
```

```
    else:
        print('没找到！ ')
    log('查询学生信息，学号：' + id)
def insert():                              #添加新学生信息
    global userlist
    readfile()
    while True:
        try:
            id = input('请输入学号：')
            if not(id.isnumeric() and len(id) == 4):
                raise Exception('学号必须是4位数字！ ')
            for s in userlist:
                if s['id'] == id:
                    raise Exception('学号已经存在！ ')
            name = input('请输入姓名：') .strip()
            age = int(input('请输入年龄：') .strip())
            if age < 10 or age > 50:
                raise Exception('年龄必须在10到50之间！ ')
            break
        except ValueError:
            print('年龄格式不正确！ ')
        except Exception as ex:
            print(ex)

    stu = {'id':id,'name':name,'age':age}

    userlist.append(stu)
    writefile()
    log('插入新学生，学号--'+ id + '姓名--' + name + '年龄--' + str(age))

    print('插入成功！ ')

def update():                              #按学号修改学生信息
    global userlist
    readfile()
    id = input('请输入要修改的学生学号：')
```

```
    for s in userlist:
        if s['id'] == id:
            print('找到学生: 学号--', s['id'], ',姓名--', s['name'], '年龄--',
                    str(s['age']))
            newname = input('请输入新的姓名(如果不改变请回车): ').strip()
            newname = newname if newname != '' else s['name']
            s['name'] = newname

            while True:
                try:
                    newage = input('请输入新的年龄(如果不改变请回车): ').strip()
                    newage = int(newage) if newage != '' else s['age']
                    if newage < 10 or newage > 50:
                        raise Exception('年龄只能在10到50之间! ')
                    s['age'] = newage
                    break
                except Exception as e:
                    print(e)
            writefile()
            break
            log('修改学生信息: 学号--' + id + '新的姓名--' + newname + '新的
                    年龄--' + newage)
    else:
        print('此学号不存在! ')
def log(operate):                                   #写日志
    t = time.strftime('%Y-%m-%d %X')
    with open('student_log.txt','a') as f:
        f.write(t + operate + '\n')
def showLog():                                      #显示日志文件所有内容
    try:
        with open('student_log.txt','r') as f:
            print(f.read())
    except:
        print('无日志! ')
def over():                                         #退出程序
```

```
print('byebye!')
    exit()

if __name__ == '__main__':
        main()
```

7.7 习 题

1. 编写程序，在磁盘上创建一个新的文本文件“D:\test.txt”，向该文本文件写入字符串“hello world！”；然后，利用本章介绍的文件读写函数，将文件“D:\test.txt”复制一个副本“D:\test2.txt”。

2. 编写程序，将一个字典对象{"name":"lily","age":20}写入磁盘文件“D:\info.dat”；然后，从文件“D:\info.dat”将字典对象读入内存，将“age”的值改为21，重新写入文件；从文件读出内容，显示在屏幕上，验证“age”是否被成功修改为21。

第二篇　用 Python 解决问题

承接第一篇对 Python 基础知识的学习，以及对编程逻辑的训练，第二篇通过几个典型 Python 应用项目的练习，进一步学习面向对象、数据库编程等进阶内容，了解 Python 实际应用场景，为深入学习 Python 的不同应用方向打下基础。

第二篇中包括以下几个不同 Python 应用项目：

①用图形界面和数据库编程实现一个桌面管理系统（班级信息管理系统）。

②编写“贪吃蛇”游戏。

③ Python 典型应用——网络爬虫。

④ Python 典型应用——人脸识别。

⑤ Python 典型应用——数据可视化。

第 8 章 班级信息管理系统

班级信息管理系统可以实现学生基本信息、科目基本信息、学生成绩信息的录入、删除、修改、查询等功能。

Python 提供多种图形界面开发的库，本章采用 Python 内置模块 tkinter 完成图形界面的设计。

一般的信息管理系统都是用数据库来管理数据。本章采用 Python 内置的数据库 SQLite，学习数据库的基本概念，以及 Python 数据库编程。

8.1 需　　求

8.1.1 需求概述

对应视频：第 8 章 –1– 需求说明 .mp4

班级信息管理系统用于实现一个班级学生的基本信息、科目基本信息、学生成绩信息的管理，主要包括以下四个模块。

①学生管理：学生基本信息（学号、姓名、生日、电话）的管理（录入新学生、显示全部学生信息、查找 / 修改 / 删除学生信息）。

②科目管理：学生所学科目的基本信息（科目编号、科目名称）的管理（录入新科目、显示全部科目信息、查找 / 修改 / 删除科目信息）。

③成绩管理：学生成绩按科目录入，学生成绩查询——按照科目编号查询、按照学生

学号查询，成绩输出为 Excel 文件。

④其他：查看班级信息操作日志、软件版本信息。

8.1.2 功能流程

班级信息管理系统功能流程图如图 8-1 所示。

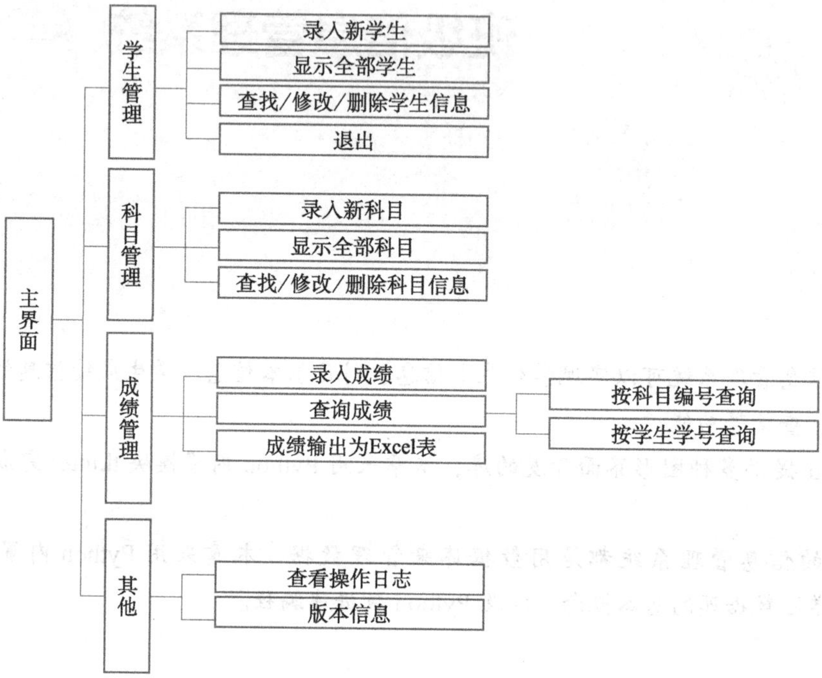

图 8-1 班级信息管理系统功能流程图

8.1.3 界面流程

班级信息管理系统主界面如图 8-2 所示。

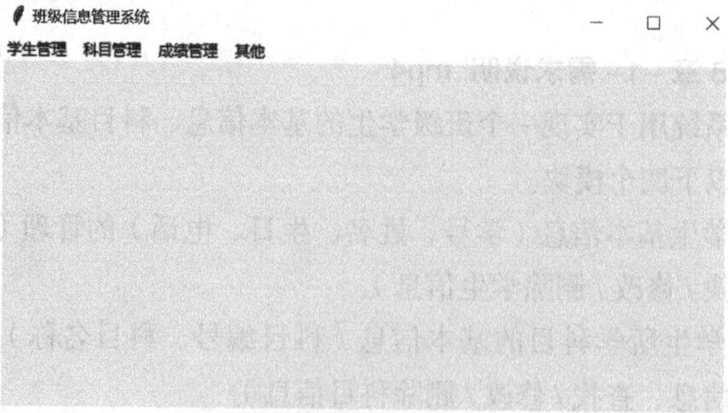

图 8-2 班级信息管理系统主界面

1.“学生管理”菜单

班级信息管理系统—“学生管理”菜单如图 8-3 所示。

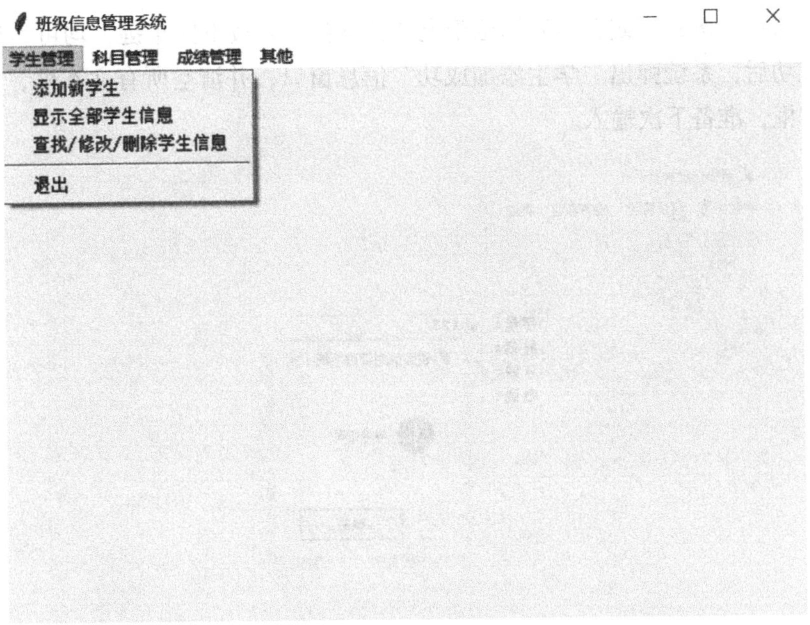

图 8-3 班级信息管理系统—“学生管理”菜单

(1)“学生管理”—“添加新学生”界面

班级信息管理系统—“学生管理”—“添加新学生”界面如图 8-4 所示。

图 8-4 班级信息管理系统—“学生管理”—“添加新学生”界面

数据输入合法性：学号必须全数字，年龄必须是整数，电话必须全数字且位数为 11。

如果输入数据不合法，则弹出出错信息窗口，显示对应的出错项目。例如，当学号输入不合法时，即弹出图 8-5 所示出错信息窗口。

单击“保存”按钮，或者当光标位于电话文本框中时按下回车键，均可实现保存。

保存成功后，系统弹出“学生添加成功”信息窗口，并清空所有文本框，光标出现在第一个文本框，准备下次输入。

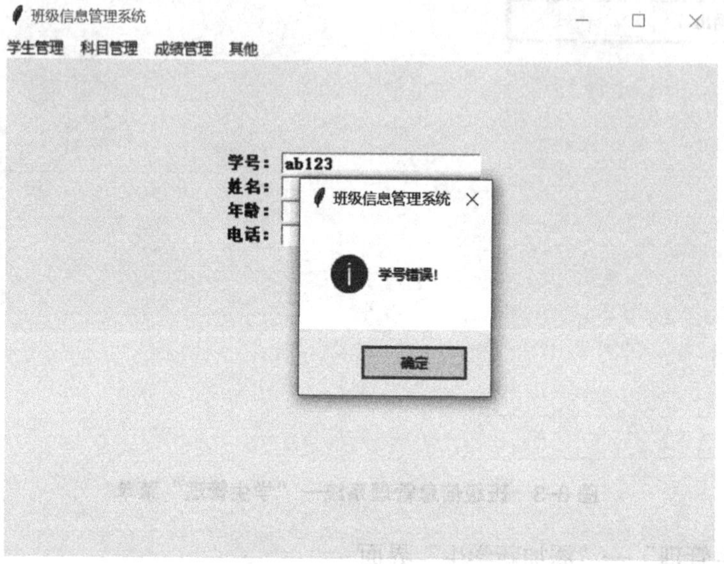

图 8-5 出错信息窗口

（2）“学生管理”—“显示所有学生”界面

班级信息管理系统—“学生管理”—“显示所有学生”界面如图 8-6 所示。

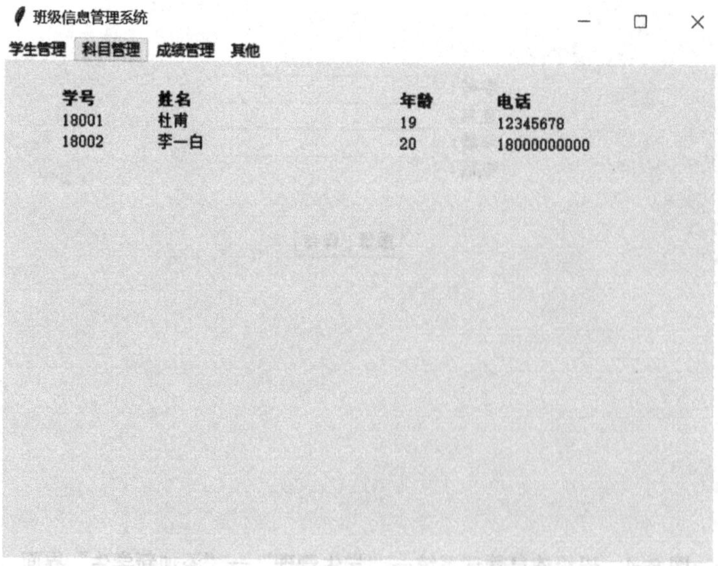

图 8-6 班级信息管理系统—“学生管理”—“显示所有学生”界面

（3）“学生管理”—“查找/修改/删除学生信息”界面

班级信息管理系统—“学生管理”—“查找/修改/删除学生信息”界面如图8-7所示。

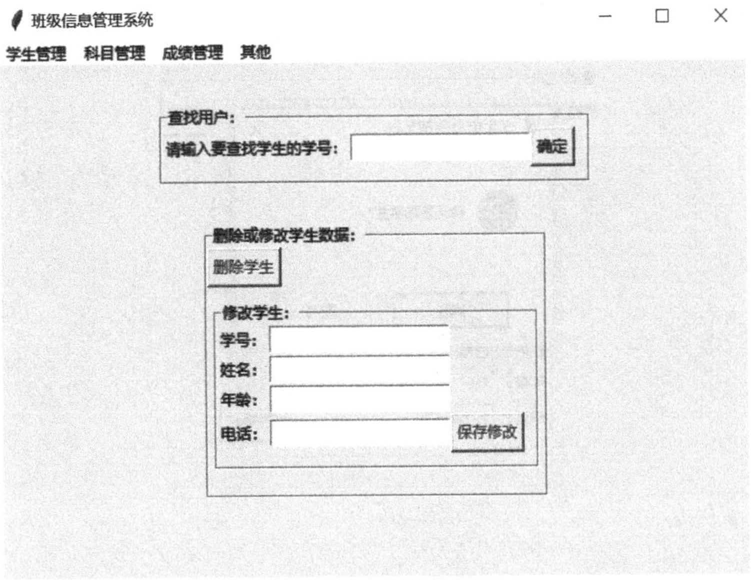

图8-7　班级信息管理系统—“学生管理”—“查找/修改/删除学生信息”界面1

初始时，“删除学生”和“保存修改”按钮处于不可用状态。

输入学生学号，单击“确定”按钮，如果此学号的学生存在，则将该学生信息分别显示在“删除或修改学生数据”栏的各个文本框中，“删除学生”和“保存修改”按钮变为可用，如图8-8所示。

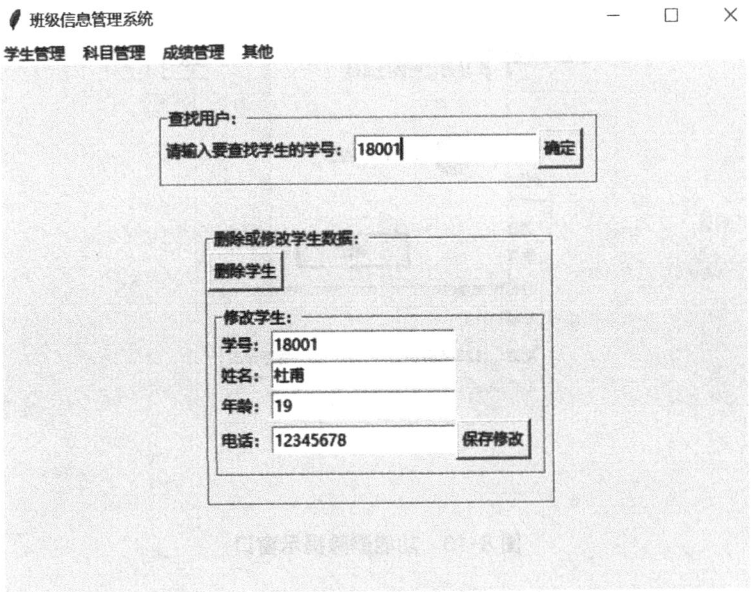

图8-8　班级信息管理系统—“学生管理”—“查找/修改/删除学生信息”界面2

此时，单击“删除学生”按钮，弹出删除确认窗口，如图 8-9 所示。

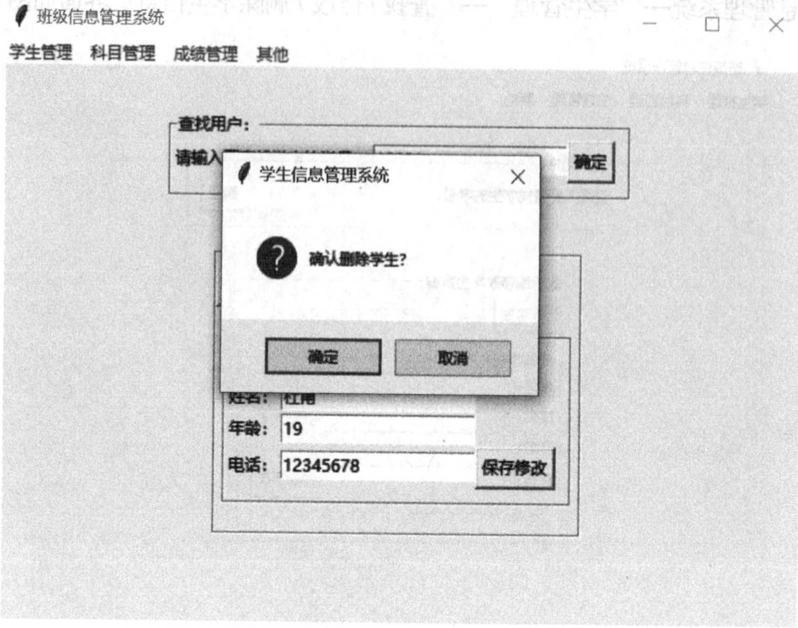

图 8-9 删除确认窗口

单击“确定”按钮，该学生信息会被删除，并弹出成功删除的提示窗口，如图 8-10 所示。

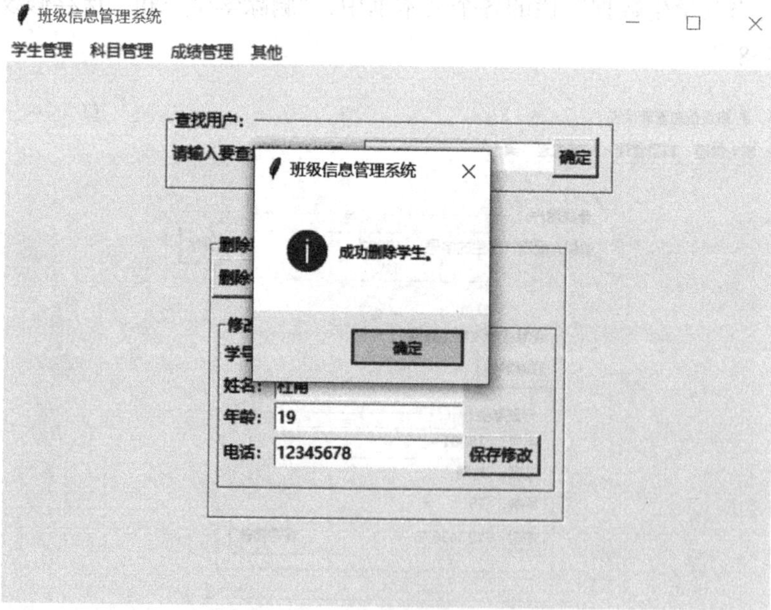

图 8-10 功能删除提示窗口

单击“确定”按钮，界面中清空被删除学生的信息，“删除学生”和“保存修改”按钮变为不可用状态，如图 8-11 所示。

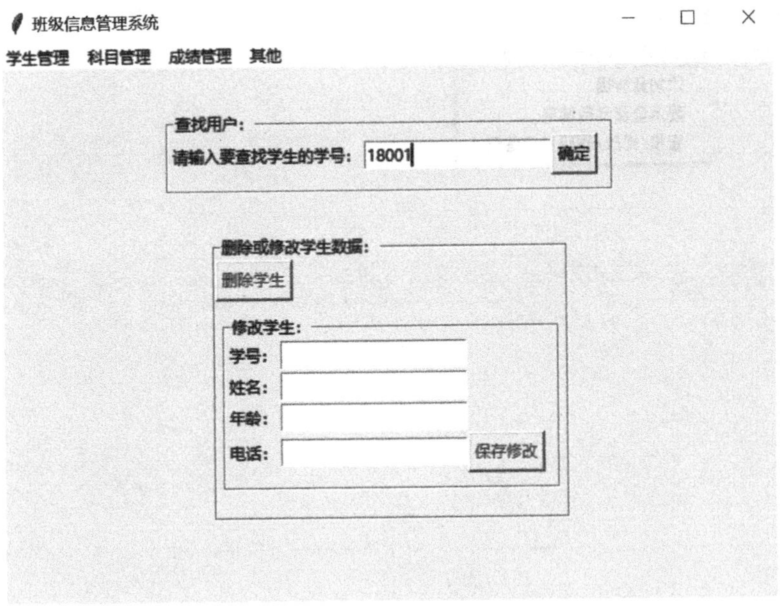

图 8-11　成功删除后的界面

输入学生学号，单击“确定”按钮，如果此学号对应的学生不存在，则弹出“学生不存在”信息窗口，如图 8-12 所示。

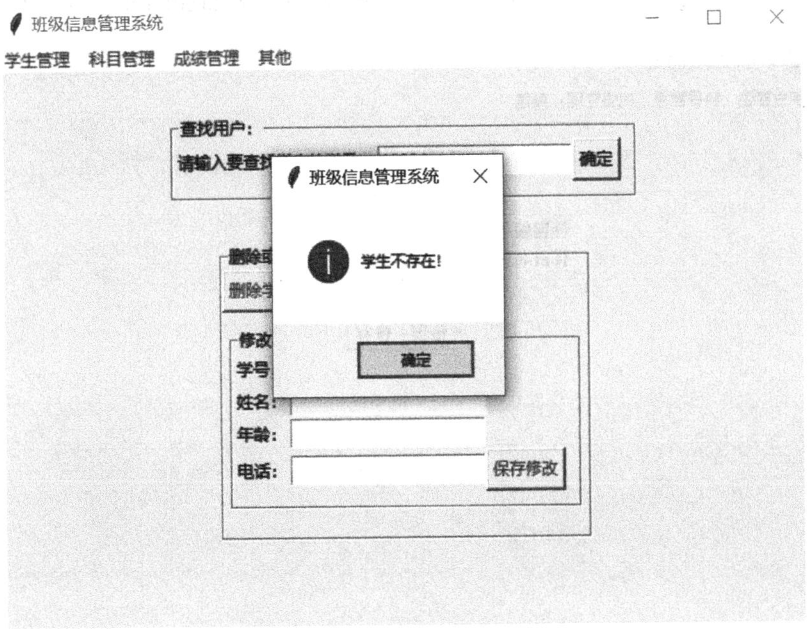

图 8-12　学生不存在信息窗口

2.“科目管理”菜单

班级信息管理系统—“科目管理”菜单如图 8-13 所示。

图 8-13　班级信息管理系统—“科目管理”菜单

（1）“科目管理”—“添加新科目”界面

班级信息管理系统—“科目管理”—“添加新科目”界面如图 8-14 所示。

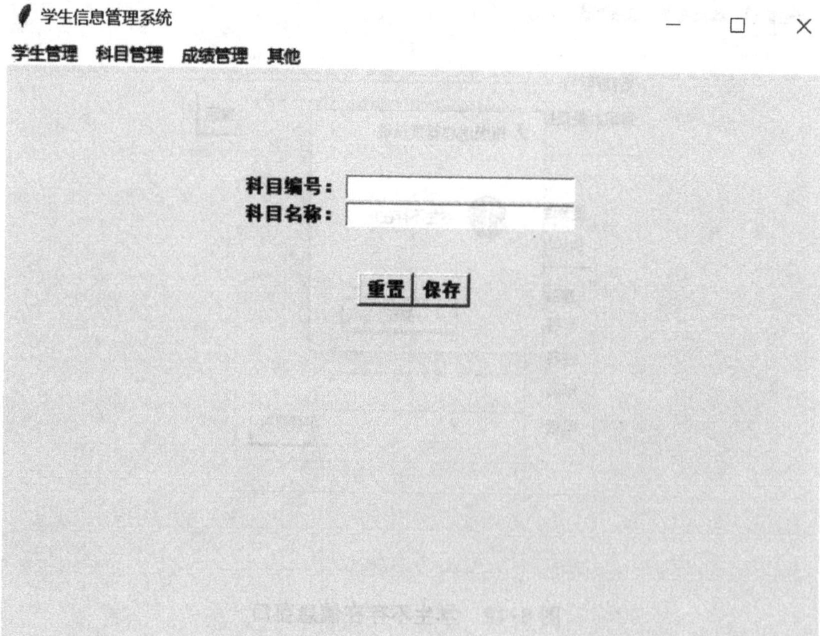

图 8-14　班级信息管理系统—“科目管理”—“添加新科目”界面

数据输入合法性：科目编号必须为数字，科目名称不得为空。

如果输入的数据不合法，则弹出出错信息窗口，显示对应的出错项目。例如，当科目编号输入不合法时，即弹出编号出错信息窗口，如图 8-15 所示。

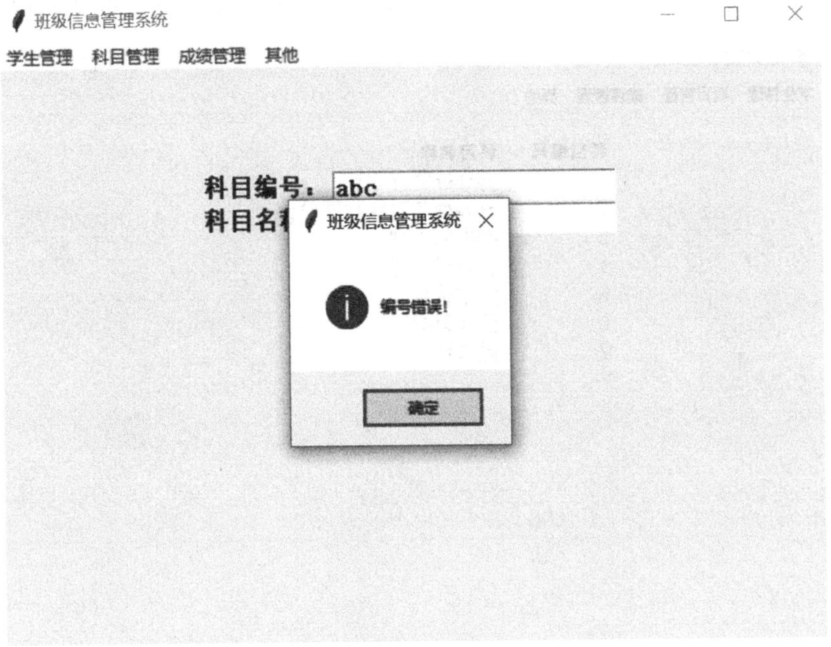

图 8-15　编号出错信息窗口

单击“保存”按钮，或者当光标位于科目名称文本框中时按下回车键，均可实现保存。

如果科目信息添加成功，则弹出“已成功添加科目！”信息窗口（见图 8-16），并清空所有文本框，光标位于第一个文本框中，准备下次输入。

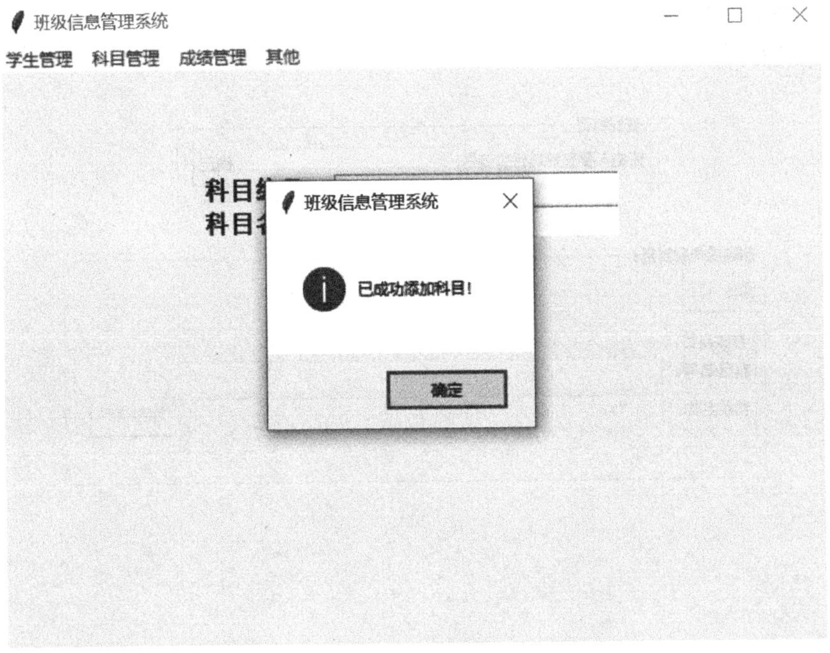

图 8-16　“已成功添加科目！”信息窗口

（2）“科目管理”—“显示全部科目信息”界面

班级信息管理系统—“科目管理”—“显示全部科目信息”界面如图 8-17 所示。

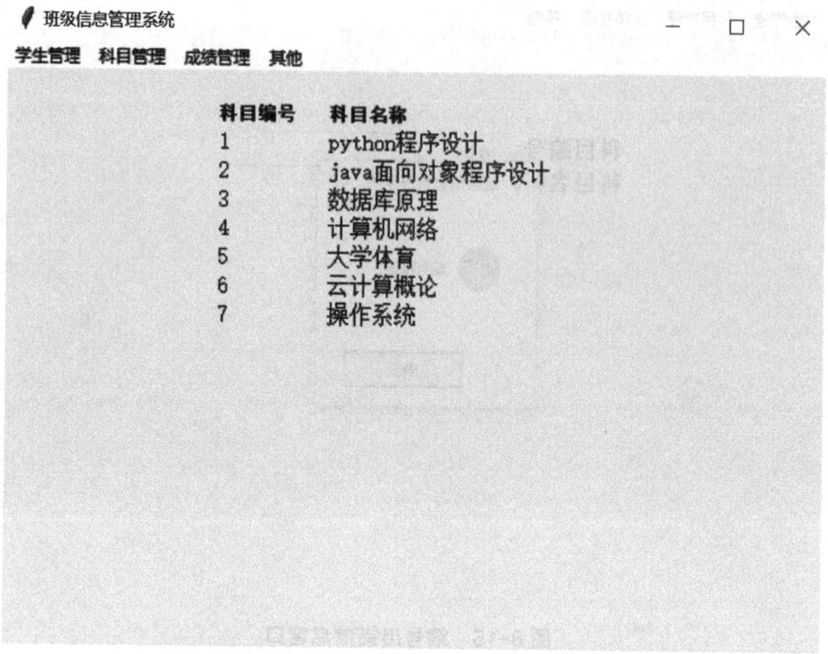

图 8-17 班级信息管理系统—“科目管理”—“显示全部科目信息”界面

（3）“科目管理”—“查找 / 修改 / 删除科目信息”界面

班级信息管理系统—“科目管理”—“查找 / 修改 / 删除科目信息”界面如图 8-18 所示。

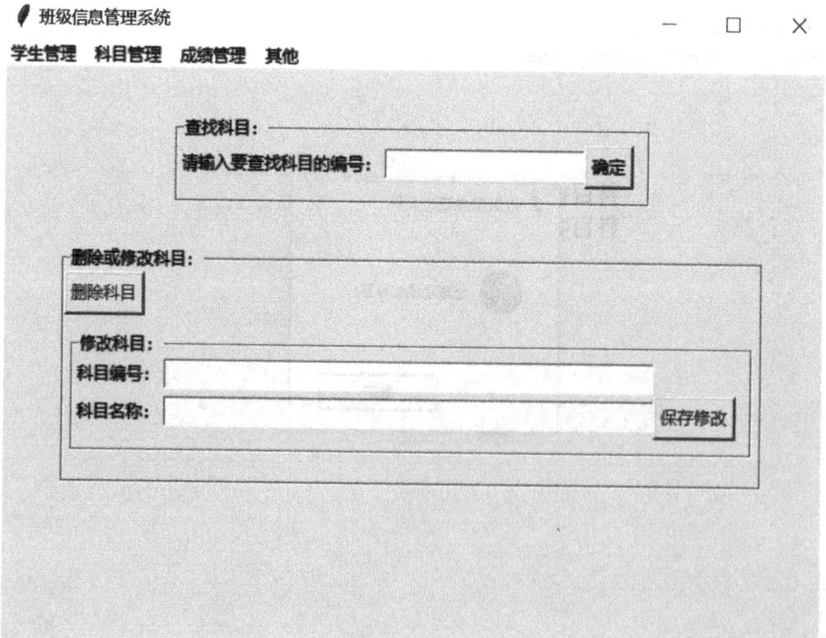

图 8-18 班级信息管理系统—“科目管理”—“查找 / 修改 / 删除科目信息”界面 1

初始时，“删除科目”和“保存修改”按钮处于不可用状态。

输入科目编号，单击“确定”按钮，如果此编号科目存在，则将该科目信息分别显示在“删除或修改科目”栏的各个文本框中，“删除科目”和“保存修改”按钮变为可用，如图 8-19 所示。

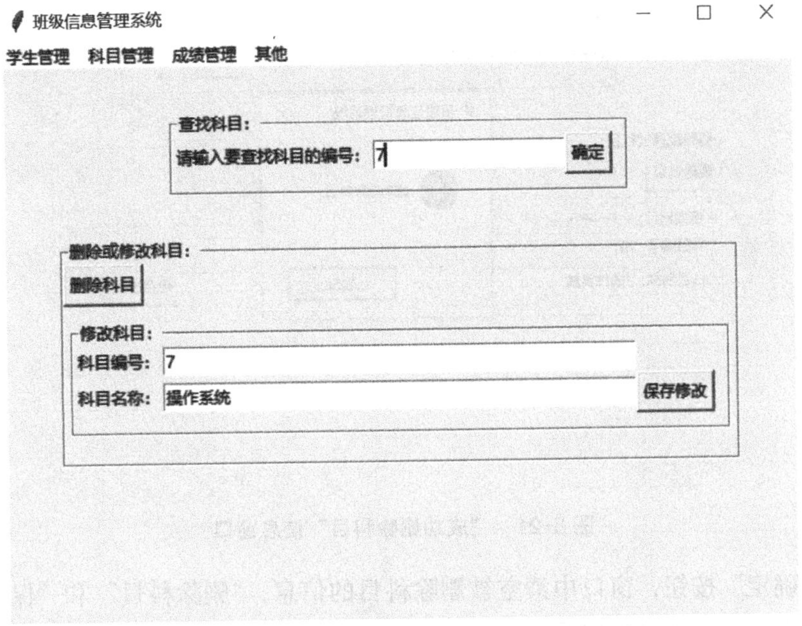

图 8-19　班级信息管理系统—“科目管理”—“查找 / 修改 / 删除科目信息”界面 2

此时，单击“删除科目”按钮，弹出“确认删除科目”窗口，如图 8-20 所示。

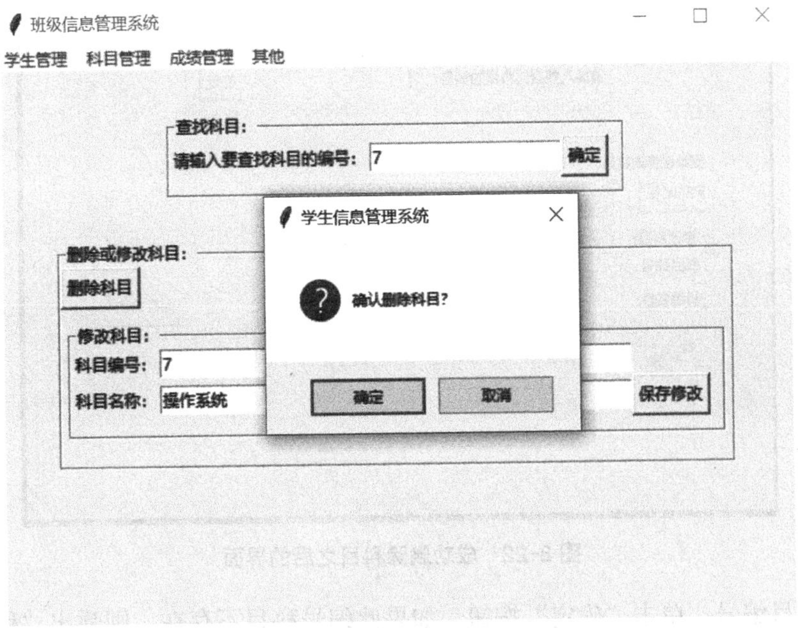

图 8-20　“确认删除科目”信息窗口

单击“确定”按钮，该科目会被删除，并弹出“成功删除科目”信息窗口，如图 8-21 所示。

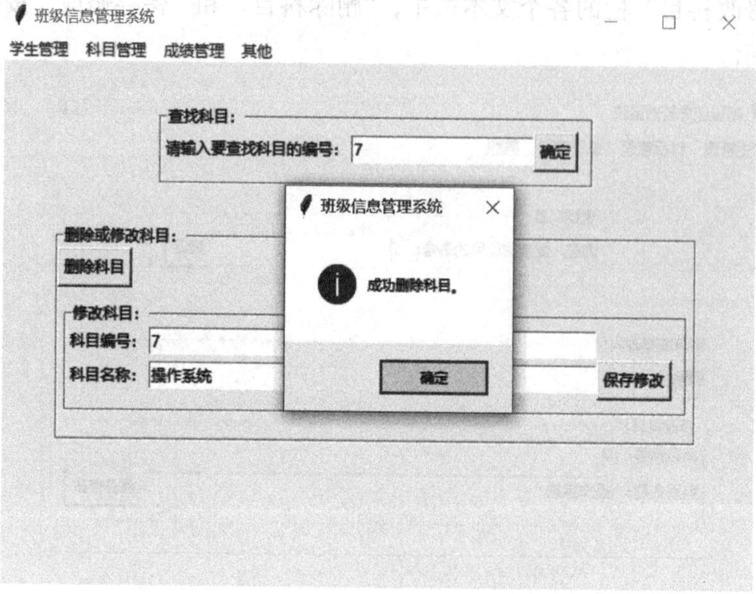

图 8-21 “成功删除科目”信息窗口

单击“确定”按钮，窗口中清空被删除科目的信息，“删除科目”和“保存修改”按钮变为不可用状态，如图 8-22 所示。

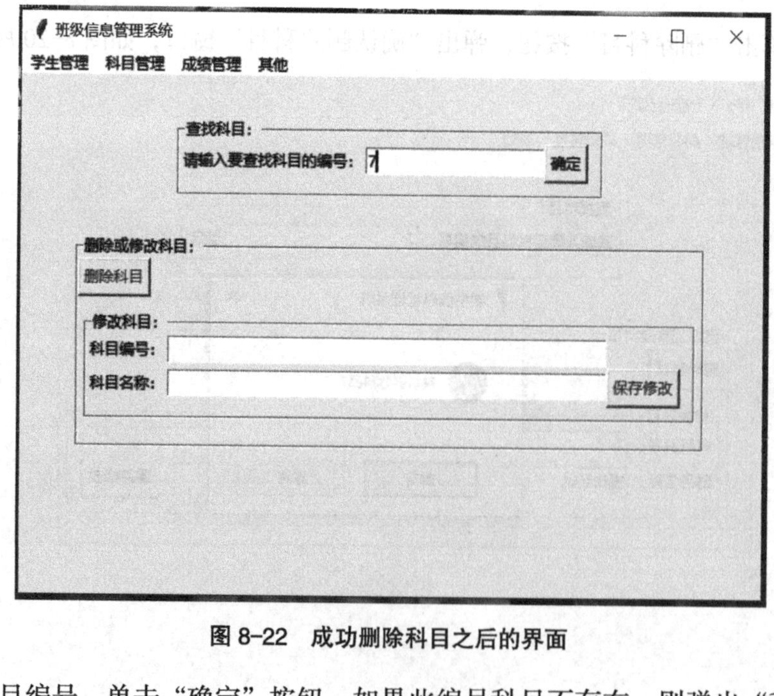

图 8-22 成功删除科目之后的界面

输入科目编号，单击“确定”按钮，如果此编号科目不存在，则弹出“科目不存在”信息窗口，如图 8-23 所示。

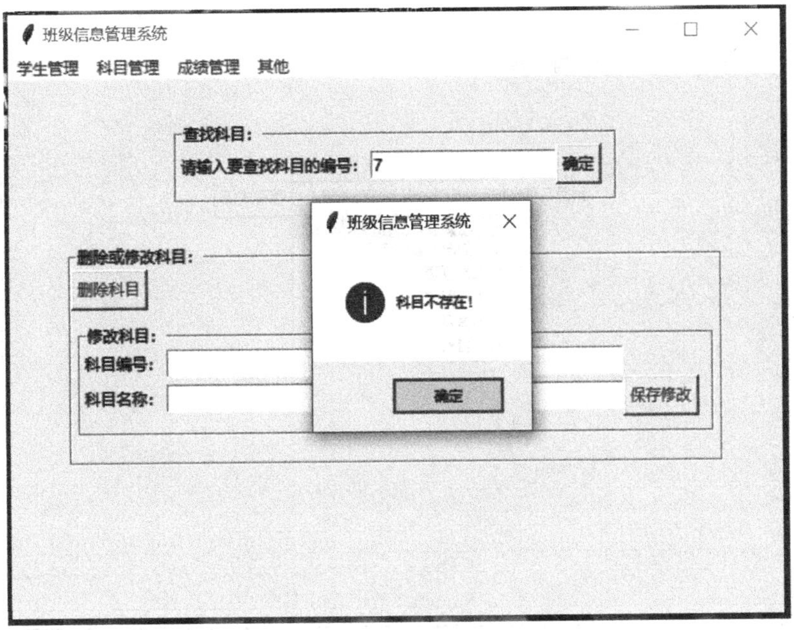

图 8-23　“科目不存在”信息窗口

3.“成绩管理”菜单

班级信息管理系统—“成绩管理”菜单如图 8-24 所示。

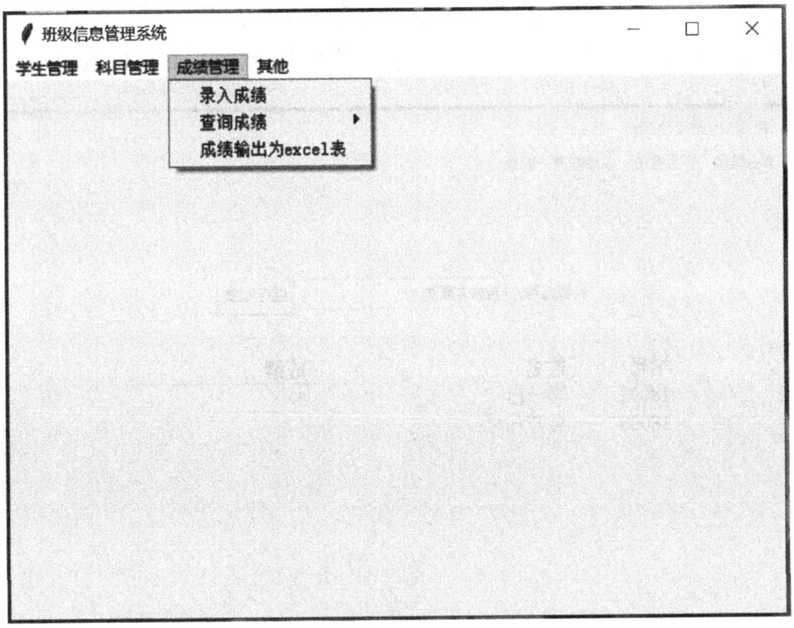

图 8-24　班级信息管理系统—“成绩管理”菜单

（1）“成绩管理”—“录入成绩”界面

班级信息管理系统—“成绩管理”—“录入成绩”界面 1 如图 8-25 所示。

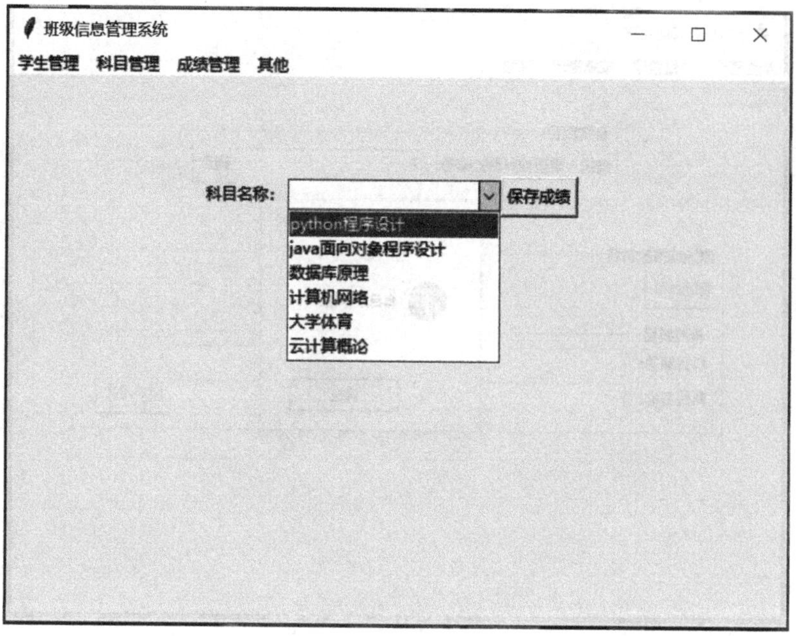

图 8-25　班级信息管理系统—“成绩管理”—“录入成绩”界面 1

单击“科目名称”下拉列表右边的下拉箭头，显示所有已经录入的科目名称，当选中其中某个科目名称时，则弹出班级所有同学的学号、姓名、成绩的文本框。如果某个学生当前科目成绩之前已经录入过，则显示之前录入的本科目的成绩；如果当前科目成绩未录入过，则文本框空白。录入成绩之后，单击“保存成绩”按钮，录入的成绩即被保存。

班级信息管理系统—“成绩管理”—“录入成绩”界面 2 如图 8-26 所示。

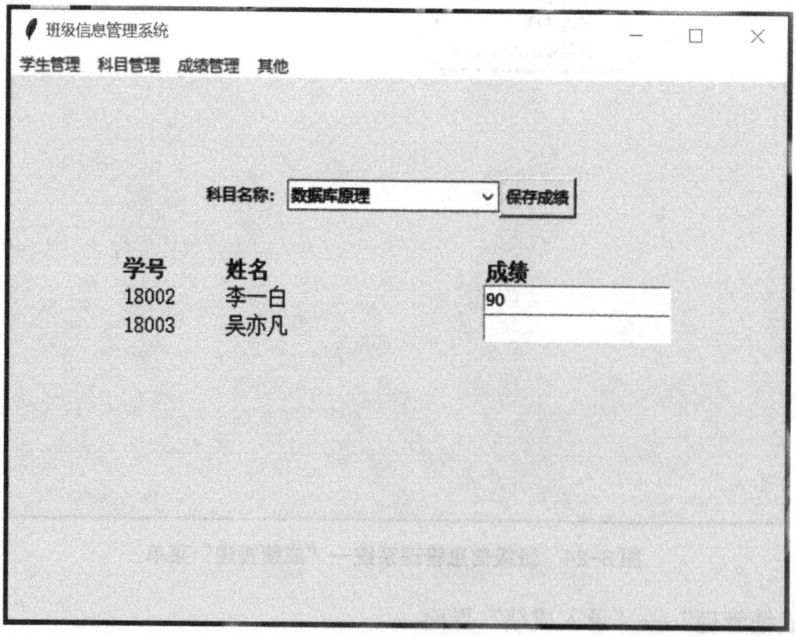

图 8-26　班级信息管理系统—“成绩管理”—“录入成绩”界面 2

（2）“成绩管理”—“成绩查询”菜单

班级信息管理系统—“成绩管理”—“成绩查询”菜单如图 8-27 所示。

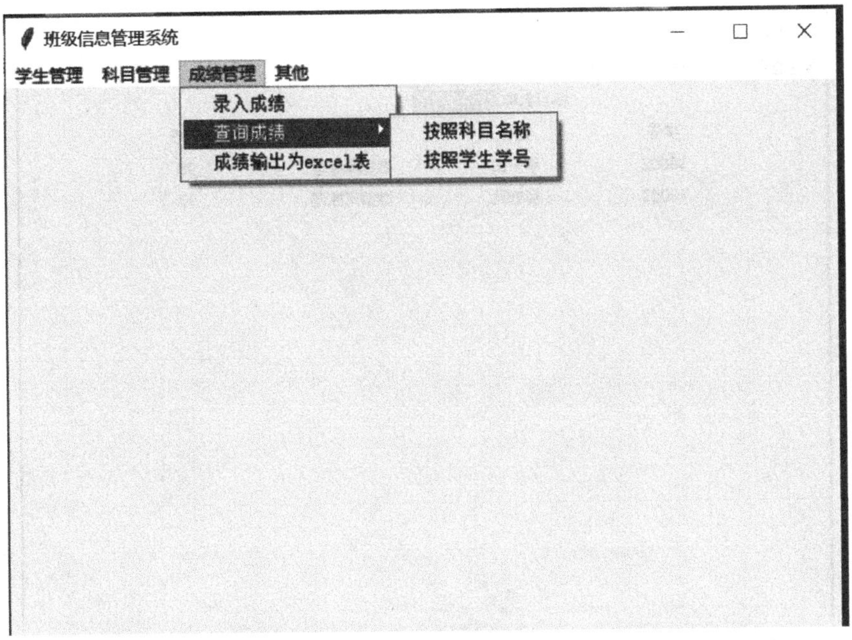

图 8-27　班级信息管理系统—“成绩管理”—“成绩查询”菜单

（3）“成绩管理”—“成绩查询”—“按照科目名称”界面

班级信息管理系统—“成绩管理”—“按照科目名称”界面 1 如图 8-28 所示。

图 8-28　班级信息管理系统—“成绩管理”—“按照科目名称”界面 1

在科目名称下拉列表中，选择某个要查询的科目名称，即显示该科目所有已经录入的成绩，如图 8-29 所示。

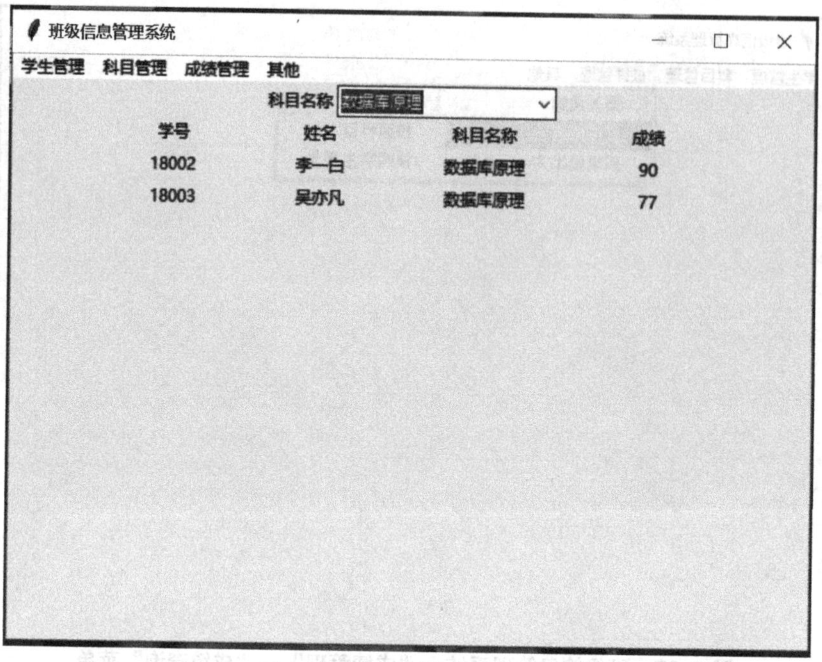

图 8-29 班级信息管理系统—“成绩管理”—“按照科目名称”界面 2

（4）“成绩管理”—“查询成绩”—“按照学生学号”界面

班级信息管理系统—“成绩管理”—“按照学生学号”界面 1 如图 8-30 所示。

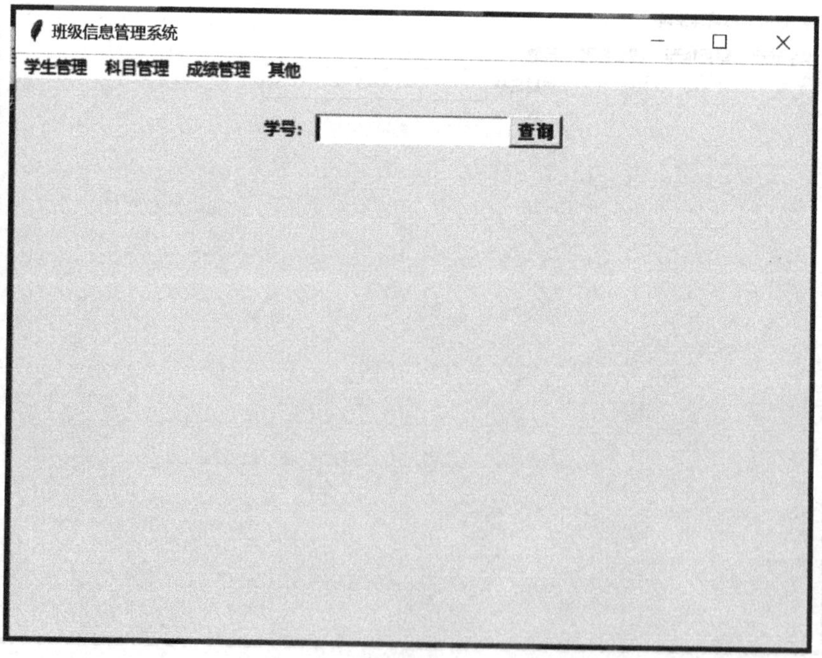

图 8-30 班级信息管理系统—“成绩管理”—“按照学生学号”界面 1

输入要查询成绩的学生学号，单击下“查询”按钮（或者当光标位于学号文本框中时按下回车键），即将该学生的所有已经录入的科目成绩显示出来，如图 8-31 所示。

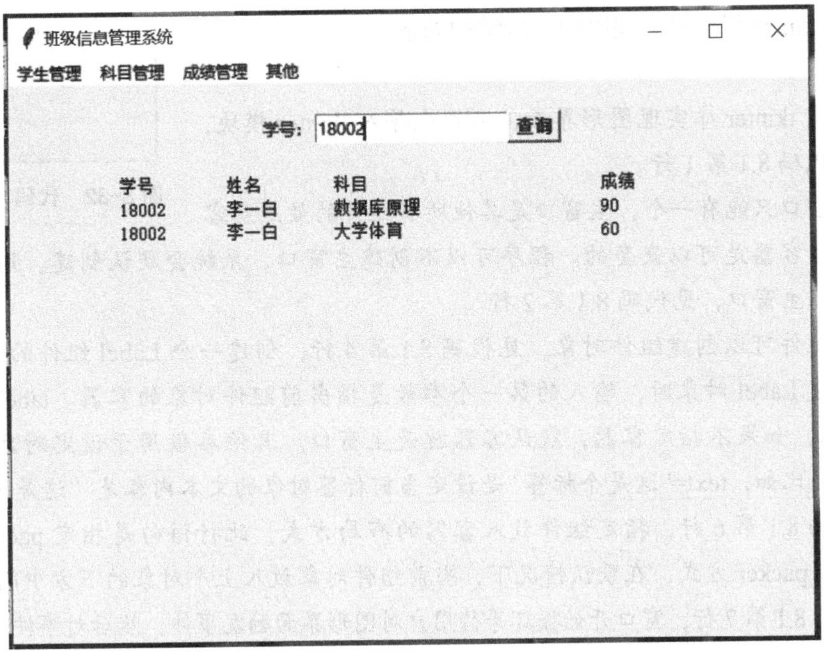

图 8-31　班级信息管理系统—“成绩管理”—“按照学生学号”界面 2

8.2　功能实现版本 1——主界面的实现

8.2.1　相关技术——Python 内置的标准图形界面库 tkinter

Python 支持多种图形界面库，其中 tkinter 是 Python 内置的标准图形界面库，不需要安装任何包，直接使用。

我们从一个简单的 tkinter 使用案例开始。

【代码 8.1】

```
from tkinter import *                    # 导入 tkinter 模块所有类
root = Tk()                              # 创建主窗口
root.geometry('200x100')                 # 设定 root 窗口的大小
label= Label(root,text=' 这是个标签 ')   # 创建一个标签，第一个参数是当前对象加入的容器
                                         # 默认是主窗口
label.pack()                             # 标签用 packer 布局方式放入容器 root
```

```
7   root.mainloop()                    # 等待响应用户事件
```

运行结果如图 8-32 所示。

图 8-32　代码 8.1 运行结果

使用 tkinter 图形界面程序的一般结构如下：

- 要用 tkinter 库实现图形界面，必须先导入 tkinter 模块，见代码 8.1 第 1 行。
- 主窗口只能有一个，主窗口是其他所有组件的最底层容器，容器是可以嵌套的。程序可以不创建主窗口，系统会默认创建。用 Tk() 函数创建主窗口，见代码 8.1 第 2 行。
- 用组件可以创建组件对象，见代码 8.1 第 4 行，创建一个 Label 组件的对象 label，创建 Label 对象时，输入的第一个参数是指当前组件对象的容器。label 的容器是 root，如果不指定容器，默认容器就是主窗口。其他参数用于设定对象的各个属性。比如，text='这是个标签'是设定当前标签对象的文本内容是“这是个标签”。
- 代码 8.1 第 6 行，指定组件放入容器的布局方式，此行语句是指定 packer 布局方式。packer 方式，在默认情况下，当前组件对象放入上个对象的下方中间位置。
- 代码 8.1 第 7 行，窗口开始循环等待用户对图形界面触发事件，然后对事件进行响应。

【代码 8.2】

```
1   from tkinter import *
2   root = Tk()
3   root.geometry('200x100')
4   label= Label()   # 创建一个标签，默认容器是主窗口
5   label.config(text='我是标签',fg='red',bg='white')  # 用 config() 函数设置组件对象
6                                                       # 的属性
7   label.pack()
8   root.mainloop()
```

- 可以在创建组件对象之后，用 config() 函数设置或者修改组件对象的属性，见代码 8.2 第 5 行。

8.2.2　版本 1 的参考程序代码

完成班级信息管理系统的主界面，运行结果如图 8-2 所示。

【代码 8.3】

对应视频：第 8 章 -2- 代码 8.3.mp4

```
from tkinter import *
```

```
from tkinter.messagebox import askokcancel

root = Tk()
systitle = '班级信息管理系统'  #系统标题

def main():
    root.geometry('600x400')  # 设置窗口初始大小
    root.title(systitle)  # 设置系统标题

    # 创建系统菜单
    menubar = Menu(root)  # 创建Menu对象menubar，将作为root窗口中的菜单
    root.config(menu=menubar)  # 将menubar菜单作为root窗口的顶层菜单栏

    # 定义menuStudent，作为menubar菜单的子菜单
    menuStudent = Menu(menubar, tearoff=0)  #菜单menuStudent的父菜单是menubar
    menuStudent.add_command(label='添加新学生',
                            font=('宋体', 10),  command=addStudent)
    menuStudent.add_command(label='显示全部学生信息',
                            font=('宋体', 10),  command=showAllStudent)
    menuStudent.add_command(label='查找/修改/删除学生信息', font=('宋体', 10),
                            command=checkUpdateStudent)

    menuStudent.add_separator()
    menuStudent.add_command(label='退出', font=('宋体', 10), command=goexit)
    # 菜单'学生管理'添加为menubar的子菜单
    menubar.add_cascade(label='学生管理', font=('宋体', 10), menu=menuStudent)

    menuHelp = Menu(menubar, tearoff=0)  # menuHelp将作为menubar菜单的子菜单
    menuHelp.add_command(label='查看日志', font=('宋体', 10), command=showlog)
    menuHelp.add_command(label='关于...', font=('宋体', 10), command=showabout)
    # 菜单menuHelp添加为menubar的子菜单
    menubar.add_cascade(label='其他', font=('宋体', 10), menu=menuHelp)

    root.mainloop()
```

```

def showAllStudent():pass
def checkUpdateStudent():pass
def addStudent():pass
def goexit():
    if askokcancel('学生信息管理系统','确定退出系统？'):
        exit(0)
def showlog():pass
def showabout():pass

if __name__ == '__main__':
    main()
```

运行结果如图 8-33 所示。

单击“学生管理”菜单，如图 8-34 所示。

选择“退出”选项，弹出“确定退出系统”信息窗口，如图 8-35 所示。

单击“确定”按钮，系统关闭。

请根据运行结果，理解代码 8.2 中的所有语句。

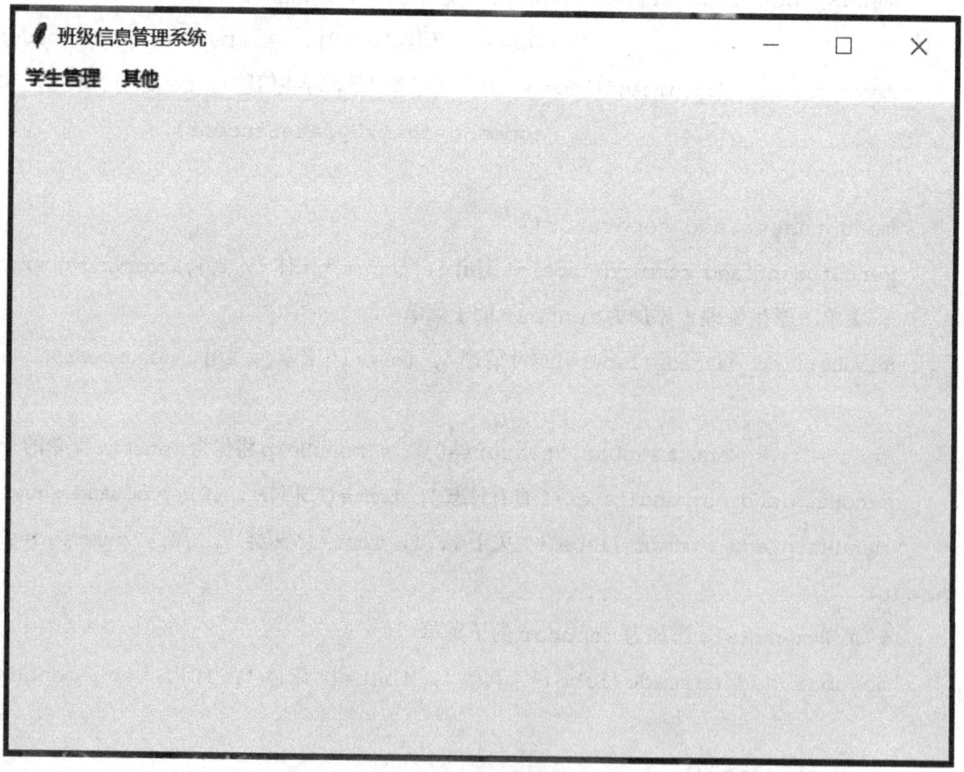

图 8-33　代码 8.3 的运行结果

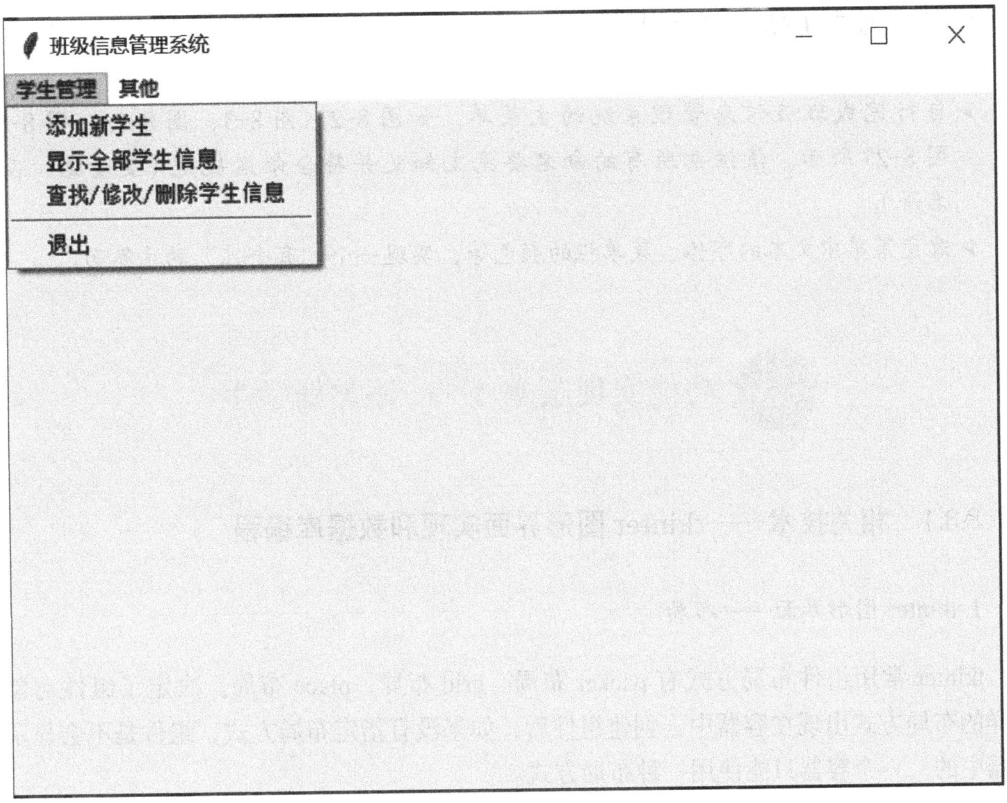

图 8-34　“学生管理”菜单

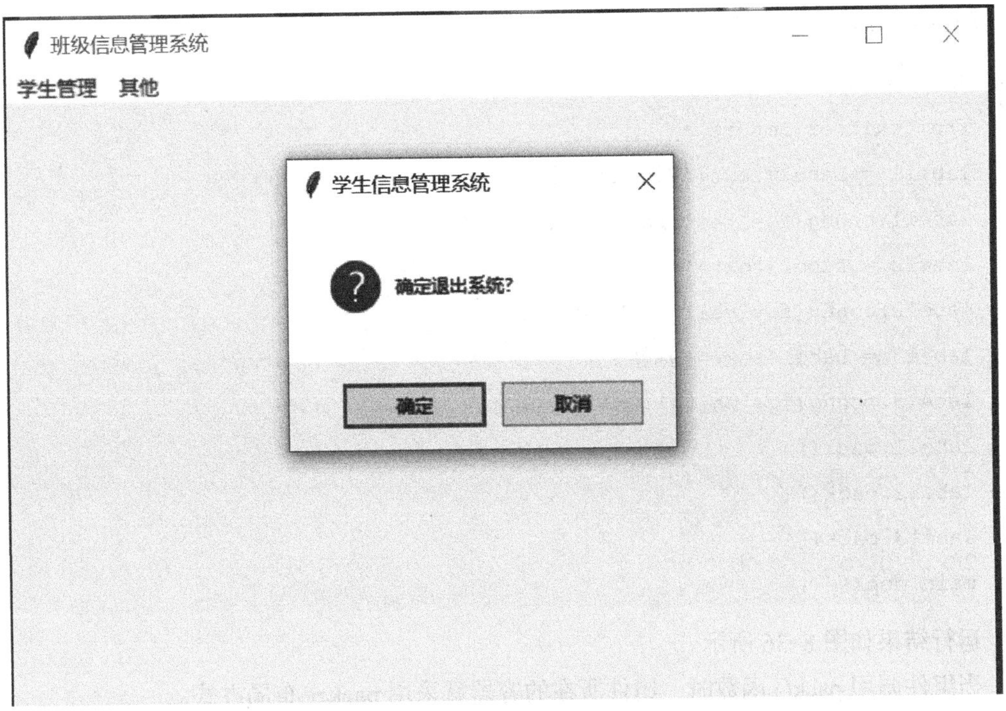

图 8-35　“确认退出系统”信息窗口

8.2.3 版本1拓展功能要求

- 自行完成班级信息管理系统的主菜单，如图8-2、图8-3、图8-13、图8-14、图8-27所示。请注意所有的命名要见文知义并符合命名规范（变量名、函数名等）。
- 改变菜单中文本的字体、菜单栏的颜色等，实现一个“有个性”的主界面。

8.3 功能实现版本2——添加新学生

8.3.1 相关技术——tkinter图形界面实现和数据库编程

1. tkinter图形界面——布局

tkinter常用组件布局方式有packer布局、grid布局、place布局，决定了组件对象以怎样的布局方式出现在容器中。创建组件后，如果没有指定布局方式，组件是不会显示在容器中的。一个容器只能使用一种布局方式。

1）packer布局

例如：

【代码8.4】

```
#packer布局
from tkinter import *
label1 = Label(text='标签1')
label1.config(fg='red',bg='black')
label2 = Label(text='标签2')
label2.config(fg='yellow',bg='blue')
label3 = Label(text='标签3')
label3.config(fg='white',bg='green')
label1.pack()
label2.pack()
label3.pack()
mainloop()
```

运行结果如图8-36所示。

当组件调用pack()函数时，组件所在的容器就采用packer布局方式。

packer布局方式是通过相对位置确定组件在容器中的位置，组件按照加入的先后次序出现在容器中。当容器大小改变时（例如调整窗口大小），组件会随着容器自动调整位置。当容器变小时（如缩小窗口），后加入的组件总是先看到。

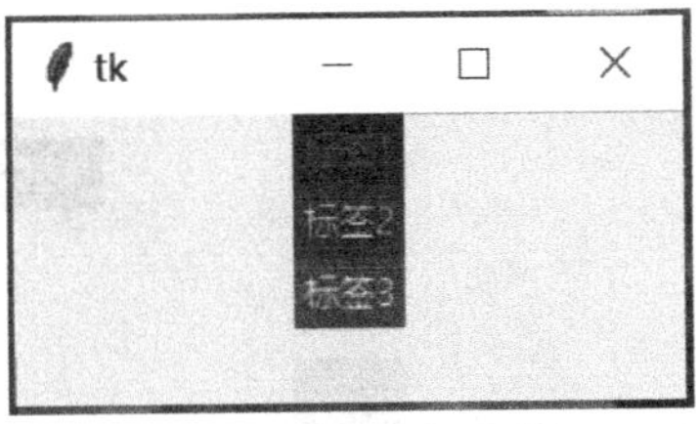

图 8-36　代码 8.4 的运行结果

后加入的组件是在当前剩余空间内确定位置的。组件位置通常由 side 参数或者 anchor 参数设定。

packer 布局方式，在默认情况下，组件出现在窗口内部上边框中间的位置（TOP），如果给定位置已经有组件，则出现在已有组件下方中间位置。packer 布局方式用 side 参数设定组件位置。

- TOP：窗口剩余空间最上方水平居中。
- BOTTOM：窗口剩余空间最下方水平居中。
- LEFT：窗口剩余空间最左侧垂直居中。
- RIGHT：窗口剩余空间最右侧垂直居中。

当窗口大小变化时，组件的位置也会相应地调整。

例如：

【代码 8.5】

```
from tkinter import *
label1 = Label(text='标签1')
label1.config(fg='red',bg='black')
label2 = Label(text='标签2')
label2.config(fg='yellow',bg='blue')
label3 = Label(text='标签3')
label3.config(fg='white',bg='green')
label1.pack()
label2.pack(side=BOTTOM)
label3.pack(side=RIGHT)
mainloop()
```

运行结果如图 8-37 所示。

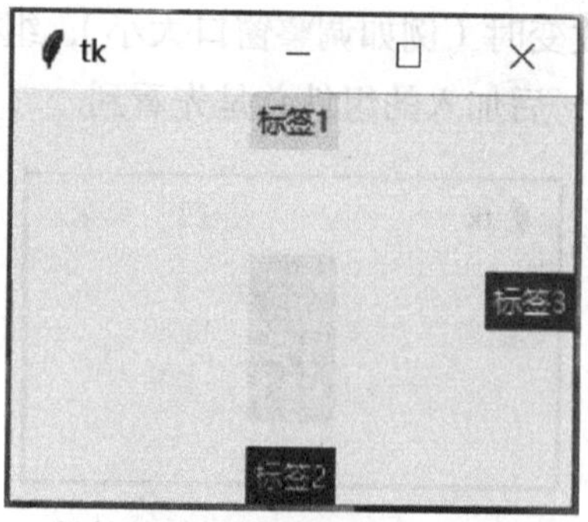

图 8-37　代码 8.5 的运行结果

packer 布局方式还可以用 anchor 参数设定组件位置。

- N：北方。
- S：南方。
- W：西方。
- E：东方。
- NW：北偏西，左上角。
- SW：南偏西，左下角。
- NE：北偏东，右上角。
- SE：南偏东，右下角。
- CENTER：居中。

例如：

【代码 8.6】

```
from tkinter import *
label1 = Label(text='标签 1')
label1.config(fg='red',bg='yellow')
label2 = Label(text='标签 2')
label2.config(fg='yellow',bg='blue')
label3 = Label(text='标签 3')
label3.config(fg='white',bg='green')
label1.pack(anchor=NE)
label2.pack(anchor=N)
label3.pack(anchor=SW)
mainloop()
```

运行结果如图 8-38 所示。

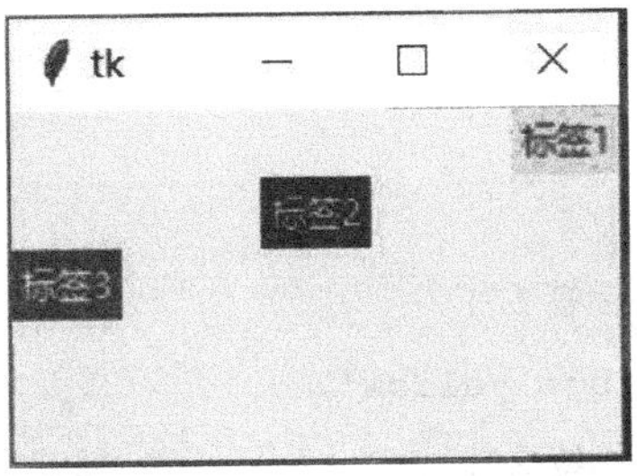

图 8-38　代码 8.6 的运行结果

2）grid 布局

例如：

【代码 8.7】

```
1   from tkinter import *
2   label1 = Label(text=' 标签 1')
3   label1.config(fg='red',bg='yellow')
4   label2 = Label(text=' 标签 2')
5   label2.config(fg='yellow',bg='blue')
6   label3 = Label(text=' 标签 3')
7   label3.config(fg='white',bg='green')
8   label1.grid(row=0,column=3)
9   label2.grid(row=1,column=2)
10  label3.grid(row=1,column=1)
11  mainloop()
```

运行结果如图 8-39 所示。

图 8-39　代码 8.7 的运行结果

当组件调用 grid() 函数时，组件所在的容器就采用 grid 布局方式。

grid 布局可以称为网格布局，它按照二维表格的方式，将容器划分为若干行和若干列，行列所在的位置为一个单元格。在 grid() 函数中，用 row 参数设置组件所在的行，column 参数设置组件所在的列。行列默认开始值为 0，依次递增。行和列的序号的大小表示相对位置，数字越小表示位置越靠前。例如，代码 8.7 第 9、10 行，修改参数 row 的值，见代码 8.8 及其运行结果。

例如：

【代码 8.8】

```
from tkinter import *
label1 = Label(text='标签 1')
label1.config(fg='red',bg='yellow')
label2 = Label(text='标签 2')
label2.config(fg='yellow',bg='blue')
label3 = Label(text='标签 3')
label3.config(fg='white',bg='green')
label1.grid(row=0,column=3)
label2.grid(row=4,column=2)
label3.grid(row=4,column=1)
mainloop()
```

运行结果如图 8-40 所示。（和代码 8.7 运行结果一样）

图 8-40　代码 8.40 运行结果

grid() 函数常用的其他参数如下。

- rowspan：组件占用的行数。
- columnspan：组件占用的列数。
- sticky：组件在单元格内的对齐方式，可以用常量 N、S、W、E、NW、SW、NE、SE 和 CENTER，与 pack() 函数的 anchor 参数一致。

3）place 布局

当组件调用 place() 函数时，组件所在的容器就采用 place 布局方式。

place 布局更加精确地控制组件在容器中的位置。place 布局可以和 grid 或者 packer 布局同时使用。

place() 函数的常用参数如下。

- x，y（height，width）：用绝对坐标指定组件的位置，坐标默认单位为像素。坐标系是以左上角为原点，x 轴向右，y 轴向下。

➢ relx，rely（relheight，relwidth）：按容器高度和宽度的比例来指定组件的位置，取值范围为 0.0~1.0。

例如：

【代码 8.9】

```
from tkinter import *
label1 = Label(text='标签1')
label1.config(fg='red',bg='yellow')
label2 = Label(text='标签2')
label2.config(fg='yellow',bg='blue')
label3 = Label(text='标签3')
label3.config(fg='white',bg='green')
label1.place(x=0,y=0)
label2.place(x=50,y=50)
label3.place(relx=0.5,rely=0.2)
mainloop()
```

运行结果如图 8–41 所示。

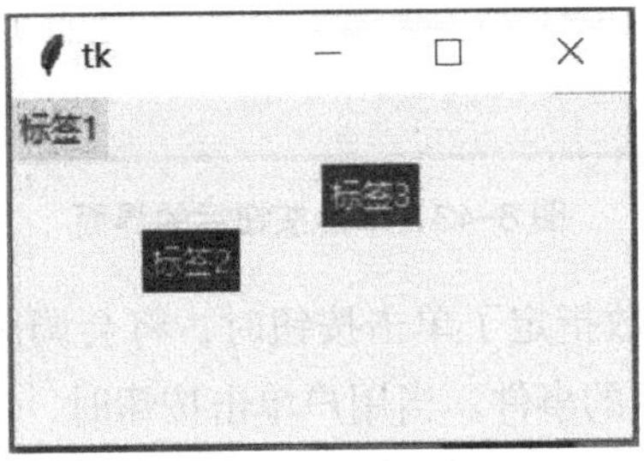

图 8–41　代码 8.9 的运行结果

2. tkinter 图形界面——事件响应

当单击图形界面中的按钮，一般都需要完成某个任务，例如：

【代码 8.10】

```
from tkinter import *
def showmsg():
    label1.config(text='我被单击了！')

label1 = Label(text = '这是个标签')
```

```
label1.pack()
#command 参数指定单击按钮要执行的函数名
btn = Button(text = '按钮',command = showmsg)
btn.pack()

mainloop()
```

运行结果如图 8-42 所示。

图 8-42　代码 8.10 的运行结果

当单击“确定”按钮，其界面如图 8-43 所示。

图 8-43　单击按钮后的界面

按钮组件的 command 参数指定了单击按钮时，将会调用的函数名称。在程序执行过程中，主窗口监听窗口中发生的事件。当用户单击按钮时，发生按钮单击事件，就会调用按钮组件 command 参数指定的函数，此函数称为事件响应函数。

其他一些组件，例如，单选按钮、复选框、标尺、滚动条等，都支持 command 参数。

还可以使用 bind() 函数来为组件的事件绑定响应函数。常用的事件名称如下：

- Button-1：单击鼠标左键。
- Button-3：单击鼠标右键。
- Double-1：双击鼠标左键。
- B1-Motion：按下鼠标左键并拖动。
- Return：按下回车键。
- KeyPress：按下键盘上的字符键或者其他键。
- Up：按下向上箭头键。

当事件发生时，响应函数会在参数位置接收到一个事件对象，事件对象封装了当前发生事件的细节，响应函数可以通过该事件对象获取事件的细节信息。通过下面的例子来学习。

例如：按钮绑定了各个事件响应函数，在事件响应函数中，用标签显示事件的信息，并将信息输出到命令行。

【代码 8.11】

```
from tkinter import *
def onLeftClick(event):
    label.config(text='单击了鼠标左键！')
    print('单击了鼠标左键！')

def onRightClick(event):
    label.config(text='单击了鼠标右键！')
    print('单击了鼠标右键！')

def onDoubleLeft(event):
    label.config(text='双击了鼠标左键！')
    print('双击了鼠标左键！')

def onLeftDrag(event):
    label.config(text='按下鼠标拖动！鼠标位置（%s,%s）'%(event.x,event.y))
    print('按下鼠标拖动！鼠标位置（%s,%s）'%(event.x,event.y))

def onReturn(event):
    label.config(text='按下回车键！')
    print('按下回车键！')

def onKeyPress(event):
    label.config(text='按下了键盘上的 %s 键！'%event.char)
    print('按下了键盘上的 %s 键！'%event.char)

def onArrowPress(event):
    label.config(text='按下向上箭头键！')
    print('按下向上箭头键！')

```

```

label = Label(text = '这是个标签')
label.pack()

btn = Button(text = '按钮')
# 为按钮绑定各种事件，当监听到某个事件发生的时候，就触发对应的函数
# 当前发生的事件对象传给此函数的参数 event，可以通过事件对象获得事件的信息
btn.bind('<Button-1>',onLeftClick)
btn.bind('<Button-3>',onRightClick)
btn.bind('<Double-1>',onDoubleLeft)
btn.bind('<B1-Motion>',onLeftDrag)
btn.bind('<Return>',onReturn)
btn.bind('<KeyPress>',onKeyPress)
btn.bind('<Up>',onArrowPress)
btn.pack()
btn.focus()                          # 只有获得焦点，单击键盘才能触发此按钮事件

mainloop()
```

3. tkinter 图形界面——控制变量

一些图形界面组件是用来接收用户输入或者控制的，比如，文本框接收用户输入的文本、选择框接收用户选择、列表框接收用户的选项等。那么，怎样在程序中获取用户的输入？或者，怎样在程序中为界面组件赋值？

将 tkinter 图形界面组件对象和控制变量关联，这样控制变量的值和组件中的值是关联变化的。为控制变量赋值，相当于为界面组件对象赋值；取得控制变量的值，相当于取得界面组件对象中的值。用这种方法为界面组件赋值或者从界面组件取值。

创建控制变量之后，调用 set() 函数设置控制变量的值，调用 get() 函数取得控制变量的值。

例如：

【代码 8.12】

```
from tkinter import *

root = Tk()

text = Entry()              # 定义文本框组件对象 text
```

```
text.pack()

var = IntVar()                      # 定义整数类型控制变量
text.config(textvariable=var)       # text 对象关联控制变量
var.set(0)                          # 文本框中显示 0

def onclick():
    var.set(var.get()+1)   # 将文本框中的数字加 1，再显示在文本框中

Button(text='按钮', command=onclick).pack()
root.mainloop()
```

运行结果如图 8-44 所示。

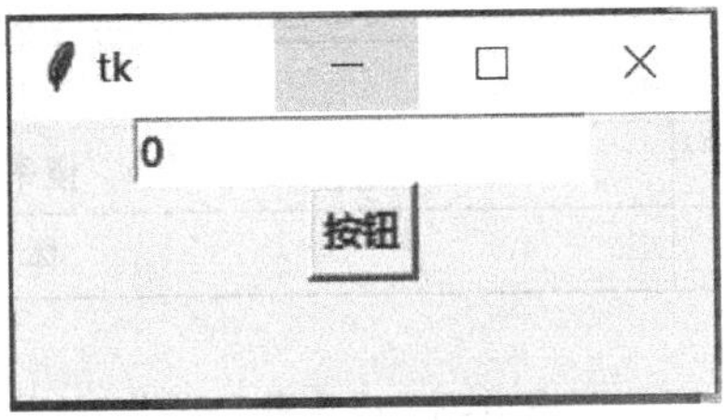

图 8-44　代码 8.2 的运行结果

每单击一次按钮，文本框中的数字加 1。

tkinter 模块提供了布尔型、双精度、整数和字符串 4 种控制变量，创建方法如下：

var=BooleanVar()　　　# 定义布尔型控制变量，默认值是 0

var=DoubleVar()　　　# 定义双精度控制变量，默认值是 0.0

var=IntVar()　　　# 定义整数控制变量，默认值是 0

var=StringVar()　　　# 定义字符串控制变量，默认值是空字符串

4. 数据库基础

1）关系数据库系统

关系数据库是目前应用最广泛、最重要的数据库。关系数据库是以关系模型作为数据的组织存储方式的。一个关系数据库通常是由一个或多个二维数据表组成的，这些数据表简称为表。数据库中的所有数据和信息都保存在这些表中。数据库中的每个表都有唯一的表名，表中的行称为记录，列称为字段。表中的每列包括了字段名称、数据类型、宽度及其他属性等信息，而每行包含这些字段的具体数据的记录。举例如下：

班级信息管理系统的数据库，数据库名称为 student.db.，数据库中有三个表，分别是 stu（学生表）、subject（科目表）、score（成绩表），其示例分别见表 8-1、表 8-2 和表 8-3。

表 8-1 学生表示例

sid（学号）	sname（姓名）	age（年龄）	tel（电话）
201801001	肖剑	18	18827799588
201801002	尤勇	19	13322244566
201801003	潘越云	19	18900988775
201802001	李俊肖	17	18034488798
201803001	周静宜	18	13102299883

表 8-2 科目表示例

cid（科目号）	cname（科目名）
c001	大学英语
c002	高等数学
c003	线性代数
c004	统计学
c005	概率论
c006	体育

表 8-3 成绩表示例

sid（学号）	cid（科目号）	grade（成绩）
201801001	c001	80
201801001	c002	76
201801001	c003	77
201801002	c001	56
201801002	c002	67
201801002	c003	78
201801003	c001	88
201801003	c002	78
201801003	c003	89

2）完整性约束

数据库中的数据表，在定义的时候就要规定每个字段的名称、类型、宽度等。在向数据表插入数据的时候，要满足约束条件。需要满足的完整性约束一般有三种：域约束、主键约束、外键约束。域约束和主键约束只涉及单个表，外键约束涉及多个表。

（1）域约束

域约束就是规定了一个表的字段的允许取值。每个域都规定了数据类型，例如整型、浮点型、字符串等。在标准的数据类型的取值范围之上，附加更小的范围约束。例如，成绩表中 grade 的值就必须大于等于 0 且小于等于 100。

有些字段是允许为空（NULL）的，空值是数据库中的特殊值，表示未知或不确定。例如，学生表中的 age 就可以为空。

（2）主键约束

在表中，可以用一个字段或者若干个字段唯一确定一条记录，这个字段或者若干个字段就称为主键。主键是不允许为空，不可以重复。例如，学生表中的 sid 就是主键，科目表中的 cid 是主键。

（3）外键约束

若一个表中的某个字段（或者字段组合）不是该表的主键，却是另一个表的主键，则称这样的字段为该表的外键。外键是表与表之间的纽带。例如，成绩表中 sid 不是成绩表的主键，但是是学生表的主键，sid 就是成绩表的外键，通过 sid 可以使成绩表和学生表建立联系。在成绩表插入的记录中，所有的 sid 都必须是学生表中存在的值。

在表定义的时候，一般都要给出表的域约束和主键约束。在插入具体数据的时候，就要符合所有的约束。

3）SQL 结构化查询语言

结构化查询语言（Structured Query Language，SQL）是一种数据库查询和程序设计语言，用于存取数据及查询、更新和管理关系数据库系统。标准 SQL 可以用于 SQL Server、MySQL、Oracle 等关系数据库系统。在 SQL 有关的格式描述中常见的一些符号的含义如下。

[ ]：表示可选项，方括号中的内容可以选择，不选用的时候，使用系统默认值。

{ }：表示必选项，大括号中的内容必须要提供。

< >：表示尖括号中的内容是用户必须提供的参数。

|：表示只能选一项，竖线分割多个选择项，用户必须选择其中之一。

[，…n]：表示前面的项可重复 *n* 次，相互之间以逗号隔开。

SQL 不区分大小写。

下面介绍一些基本的 SQL 命令。

（1）创建数据库

其格式如下：

```
CREATE DATABASE  <数据库名>;
```

例如：

```
CREATE DATABASE stu;
```

（2）创建表

其格式如下：

```
CREATE TABLE <表名> (<字段名> <数据类型> [<字段完整性约束>] [,
```

```
<字段名> <数据类型> [<字段完整性约束>] ]…[,<表级完整性约束>]);
```

例如：

```
CREATE TALBE student(sid CHAR(9) NOT NULL PRIMARY KEY,
                     sname CHAR(12) NOT NULL,
                     age INT,
                     telCHAR(11));
CREATE TALBE course(cid CHAR(9) NOT NULL PRIMARY KEY,
                     cname CHAR(30) NOT NULL);
CREATE TALBE score(sid CHAR(9) NOT NULL,
                     cid CHAR(9) NOT NULL,
                     grade FLOAT,
                     PRIMARY KEY(sid,cid));
```

（3）删除表

其格式如下：

```
DROP TABLE <表名>;
```

删除表之后，表中所有数据将被删除并不能恢复，所以删除表的操作要谨慎。

例如：

```
DROP TABLE student;
```

（4）插入数据

其格式如下：

```
INSERT INTO <表名> [(<字段名[,<字段名>]…>)] VALUES (<值>[,<值>]…);
```

例如：

```
INSERT INTO student(sid,sname,age,tel) VALUES('201801009','吴维',18,'13902887342');
```

（5）修改数据

其格式如下：

```
UPDATE <表名> SET <字段名> = <表达式>[,<字段名> = <表达式>,…][WHERE <条件>];
```

例如：

```
UPDATE student SET tel = '13302887342' WHERE sid = '201801009';
```

（6）删除数据

其格式如下：

```
DELETE FROM <表名> [WHERE <条件>];
```

例如：

```
DELETE FROM student WHERE sid = '201801001';
```

（7）数据查询

其格式如下：

```
SELECT [ALL | DISTINCT] [TOP n [PERCENT]] {* | {<字段名> | <表达式> |
    [[AS] <别名>] | <字段名> [[AS] <别名>] }[, …n]}
FROM <表名> [WHERE <查询条件>]
[GROUP BY <字段名表>[HAVING <分组条件>]]
[ORDER BY <次序表达式>[ASC | DESC]];
```

例如：

```
SELECT sid AS 学号,sname AS 姓名 FROM student;
SELECT * FROM student WHERE age >= 18;
SELECT * FROM score WHERE cid = '1001' AND grade > 90;
SELECT * FROM student WHERE sname LIKE '李%'
SELECT AVG(grade) AS 平均成绩 FROM score WHERE cid = '1001';
SELECT sid,grade FROM score WHERE cid = 'c001';
SELECT cid,COUNT(*) AS 人数 FROM score GROUP BY cid;
SELCET sid,cid,grade FROM student,score WHERE student.sid = score.sid
AND sid = '201801001';
```

5. Python 访问 SQLite 数据库

SQLite 是 Python 自带的关系数据库，不需要安装独立的服务器。其他的数据库则需要自行下载并安装，Python 通过第三方扩展接口来访问。

（1）连接和创建 SQLite 数据库

访问 SQLite 数据库时，需要先导入 sqlite3 模块，然后调用 connect() 函数建立数据库连接，获得数据库连接对象。例如：

```
import sqlite3
cn = sqlite3.connect('student.db')
```

connect() 函数的参数为 SQLite 数据库文件名。如果指定的数据库不存在，则用该名称创建一个新的数据库。

如果使用“：memory：”表示文件名，Python 会创建一个内存数据库。内存数据库中的所有数据均保存在内存中，关闭连接对象的时候，所有数据自动删除。例如：

```
import sqlite3
```

```
cn = sqlite3.connect(':momery:')
```

如果使用空字符串作为文件名，Python 会创建一个临时数据库。临时数据库有一个临时文件，所有数据保存在临时文件中。连接对象关闭的时候，临时文件和数据会自动删除。例如：

```
import sqlite3
cn = sqlite3.connect('')
```

执行完所有操作后，应该执行 close() 函数关闭连接对象，释放占用的资源。例如：

```
cn.close()
```

（2）通过数据库连接对象的 execute() 函数执行 SQL 指令

例如：

【代码 8.13】

```
import sqlite3
cn = sqlite3.connect('student.db')  # 获得数据库连接对象 cn

cn.execute('create table student(sid varchar(6) primary key,sname
varchar(8),age int(3),tel varchar(11))')                    # 创建表
cn.execute('create table course(cid varchar(6) primary key,cname varchar(50))')
      # 创建表
cn.execute('create table score(sid varchar(6),cid varchar(6),grade int(3))')
         # 创建表

cn.execute('insert into student values ('1000','lily',20,'13826071688)')
# 插入记录
cn.execute('insert into student(sid,sname,age) values('2000','peter',19))
# 在 sql 指令中用问号表示参数，用后面的元组作为参数的传入数据
cn.execute('insert into student values(?,?,?,?)',('3000','apple',19,'18930021876'))
cn.executemany('insert into course values(?,?)',[('100','java 程序设计),
('200','Python 程序设计)])          # 一次插入多条记录

cn.execute('update student set age=22 where sid=?',('1000',))   # 修改记录
cn.execute('update course set cname="java 面向对象程序设计" where cid=?',('100',))
cn.execute('update student set age=?,tel=? where sid=?',(20,' 13345678900','1000'))

cn.execute('delete from course')                              # 删除记录
```

```
cn.execute('delete from student where sid=?',('1000',))

cur=cn.execute('select * from course')                              # 查询
c=cur.fetchall()          # 获得全部查询结果，得到一个列表，每个记录是列表中的一个元组

s=cn.execute('select sid,sname,age from student).fetchall()
for (id,name,age) in s:                                          # 迭代查询结果
  print(id,name,age)

cur=cn.execute('select * from student where sid=?',('1000',))
s=cur.fetchone()                  # 获得一条记录，得到一个元组

cur=cn.execute('select * from course')
#fetchone() 在表结束时，返回 None。一次提取一条记录，循环得到所有记录
while True:
    s=cur.fetchone()
    if not s:break
    print(s)

cur=cn.execute('select * from course')
s=cur.fetchmany(2)    #fechmany(n) 一次提取 n 条记录，如果不够 n 条，则返回表内已有的记录
s=cur.fetchmany()   # 不指定参数，则提取 1 条
# 如果到达表尾，fechmany() 返回 [ ] 空列表
```

（3）提交和回滚

例如：

```
# 对数据库进行插入、修改、删除操作之后，要执行连接对象的 commit() 函数提交修改，
否则，如果没有执行 commit() 函数，当关闭连接对象后，所有修改都会失效
cn.commit()

# 连接对象的 rollback() 函数，用于撤销上次 commit() 之后所做的所有修改
cn.rollback()
```

8.3.2　版本 2 的参考程序代码

完成班级信息管理系统—“学生管理”—“添加新学生”模块，参见 8.1.3 小节的具

体描述，运行结果如图 8-4 和图 8-5 所示。

对应视频：第 8 章 -3-v2-1- 添加新学生界面实现 .mp4

第 8 章 -4-v2-2- 添加新学生功能实现 .mp4

①创建一个新的 Python 文件，用于创建数据库和数据表。此文件运行一次之后，数据库和数据表就已经建立，如果再次运行此文件，会报错。

【代码 8.14】

```
import sqlite3
cn = sqlite3.connect('student.db')       # 获得数据库连接对象 cn

cn.execute('create table student(sid varchar(6) primary key,sname varchar(8),
age int(3),tel varchar(11))')    # 创建表
cn.execute('create table course(cid varchar(6) primary key,cname
varchar(50))')    # 创建表
cn.execute('create table score(sid varchar(6),cid varchar(6),grade
int(3))')            # 创建表
```

②编写主程序。

【代码 8.15】

```
from tkinter import *
from tkinter.messagebox import askokcancel,showinfo
from sqlite3 import *

root = Tk()
systitle = '班级信息管理系统'  # 系统标题
dbfile = 'student.db'          #v2
cn = connect(dbfile)           #v2 连接数据库，连接对象 cn
operateFrame = Frame()             # 功能窗口
operateFrame.pack()

def main():
    root.geometry('600x400')  # 设置窗口初始大小
    root.title(systitle)  # 设置系统标题

    # 创建系统菜单
    menubar = Menu(root)  # 创建 Menu 对象 menubar，将作为 root 窗口中的菜单
    root.config(menu=menubar)  # 将 menubar 菜单作为 root 窗口的顶层菜单栏
    # menuStudent 将作为 menubar 菜单的子菜单
```

```
menuStudent = Menu(menubar, tearoff=0)
menuStudent.add_command(label='添加新学生', font=('宋体', 10),
                        command=addStudent)
menuStudent.add_command(label='显示全部学生信息', font=('宋体', 10),
                        command=showAllStudent)
menuStudent.add_command(label='查找/修改/删除学生信息', font=('宋体', 10),
                        command=checkUpdateStudent)

menuStudent.add_separator()
menuStudent.add_command(label='退出', font=('宋体', 10), command=goexit)
# 菜单file添加为menubar的子菜单
menubar.add_cascade(label='学生管理', font=('宋体', 10), menu=menuStudent)
# menuSubject将作为menubar菜单的子菜单
menuSubject = Menu(menubar, tearoff=0)
menuSubject.add_command(label='添加新科目', font=('宋体', 10),
                        command=addSubject)
menuSubject.add_command(label='显示全部科目', font=('宋体', 10),
                        command=showAllSubject)
menuSubject.add_command(label='查找/修改/删除科目', font=('宋体', 10),
                        command=checkUpdateSubject)
menubar.add_cascade(label='科目管理', font=('宋体', 10), menu=menuSubject)
# menuSubject将作为menubar菜单的子菜单
menuScore = Menu(menubar, tearoff=0)
menuScore.add_command(label='录入成绩', font=('宋体', 10), command=inputScore)
#下级菜单"查询成绩"--子菜单1-按照科目查询-子菜单2-按照学号查询
menuSearch= Menu(menubar, tearoff=0)
menuSearch.add_command(label='按照科目查询',font=('宋体', 10),
                        command=searchScoreBySid)
menuSearch.add_command(label='按照学号查询', font=('宋体', 10),
                        command=searchScoreByUid)
menuScore.add_cascade(label='查询成绩', font=('宋体', 10), menu=menuSearch)
#完成"查询成绩"下级菜单
menuScore.add_command(label='成绩输出为excel表', font=('宋体', 10),
                        command=outputExcel)
menubar.add_cascade(label='成绩管理', font=('宋体', 10), menu=menuScore)
```

```

    menuHelp = Menu(menubar, tearoff=0)  # help将作为menubar菜单的子菜单
    menuHelp.add_command(label='查看日志', font=('宋体', 10), command=showlog)
    menuHelp.add_command(label='关于...', font=('宋体', 10), command=showabout)
    # 菜单help添加为menubar的子菜单
    menubar.add_cascade(label='其他', font=('宋体', 10), menu=menuHelp)

    root.mainloop()

def showAllStudent():pass
def checkUpdateStudent():pass
def addStudent():
    for widget in operateFrame.winfo_children():  # 清空窗口中原有的所有内容
        widget.destroy()

    f1 = Frame(operateFrame)
    f1.pack()

    studentIdVar = StringVar()
    studentNameVar = StringVar()
    ageVar = StringVar()
    telVar = StringVar()

    lStudentId = Label(f1, text='学号：')
    lStudentName = Label(f1, text='姓名：')
    lAge = Label(f1, text='年龄：')
    lTel = Label(f1, text='电话：')
    tStudentId = Entry(f1, textvariable=studentIdVar)
    tStudentName = Entry(f1, textvariable=studentNameVar)
    tAge = Entry(f1, textvariable=ageVar)
    tTel = Entry(f1, textvariable=telVar)

    lStudentId.grid(row=1, column=1)
    lStudentName.grid(row=2, column=1)
    lAge.grid(row=3, column=1)
```

```
lTel.grid(row=4, column=1)
tStudentId.grid(row=1, column=2)
tStudentName.grid(row=2, column=2)
tAge.grid(row=3, column=2)
tTel.grid(row=4, column=2)

f2 = Frame(operateFrame)
f2.pack(pady=20)

bReset = Button(f2, text='重置')
bSave = Button(f2, text='保存')

bReset.grid(row=1, column=1)
bSave.grid(row=1, column=2)

def reset():
    studentIdVar.set('')
    studentNameVar.set('')
    ageVar.set('')
    telVar.set('')

bReset.config(command=reset)

def save(event):
    try:
        id = studentIdVar.get()
        if not id.isdigit():
            raise Exception('学号必须为数字！')
        elif len(id) != 4:
            raise Exception('学号必须是4位！')
        name = studentNameVar.get()
        age = ageVar.get()
        if not age.isdigit():
            raise Exception('年龄错误！')
        else:
```

```
                age = int(age)
                if age < 15 or age > 50:
                    raise Exception('年龄必须大于 15 小于 50！ ')
            tel = telVar.get()
            if not tel.isdigit():
                raise Exception('电话错误！ ')
            elif len(tel) != 4:
                raise Exception('电话必须 4 位！ ')
            # 向数据库发送插入指令
            cn.execute('INSERT INTO student VALUES(?,?,?,?)', (id, name, age, tel))
            cn.commit()
            showinfo(systitle, '成功添加新学生！ ')
            reset()
            tStudentId.focus()
            # 测试：向数据库发一个查询指令
            # 获得了一个列表，列表中每个单元是一个学生，每个学生是一个元组
            #stulist = cn.execute('SELECT * FROM student').fetchall()
            #print(stulist)
        except Exception as ex:
            showinfo(systitle, ex)

    bSave.config(command=save)
    tTel.bind('<Return>', save)

def addSubject():pass
def showAllSubject():pass
def checkUpdateSubject():pass

def inputScore():pass
def searchScoreBySid():pass
def searchScoreByUid():pass
def outputExcel():pass

def goexit():
```

```
160     if askokcancel('学生信息管理系统','确定退出系统？'):
161         exit(0)
162 def showlog():pass
163 def showabout():pass
164 
165 if __name__ == '__main__':
166     main()
```

代码解释：

①每个菜单项功能都是在 operateFrame 窗口中呈现内容，每当打开一个新的功能，就需要消除窗口中原来的内容，呈现当前功能的内容。代码第 67 至 68 行，实现将 operateFrame 容器中所有的组件对象销毁掉。

② operateFrame 容器中嵌套两个容器 f1 和 f2，f1 是 4 行 2 列的布局，f2 是 1 行 2 列的布局。

③代码第 111 行，bReset 按钮绑定函数 reset()；第 146 行，bSave 按钮绑定函数 save(event)；第 147 行，tTel 文本框中的按下回车事件绑定函数 save(event)。

8.4 功能实现版本 3——显示所有学生

完成班级信息管理系统—“学生管理”—“显示所有学生”模块，运行结果如图 8-6 所示。

对应视频：第 8 章 -5-v3- 显示全部学生信息 .mp4

参考程序代码片段如下：

【代码 8.16】

```
def showAllStudent():                        #v3
    for widget in operateFrame.winfo_children():  # 清空窗口中原有的所有内容
        widget.destroy()

    operateFrame.columnconfigure(1, minsize=50)
    operateFrame.columnconfigure(2, minsize=100)
    operateFrame.columnconfigure(3, minsize=50)
    operateFrame.columnconfigure(4, minsize=100)
    Label(operateFrame, text='学号',font=('宋体', 10, 'bold')
        ).grid(row=0, column=1)
    Label(operateFrame, text='姓名',font=('宋体', 10, 'bold')
```

```
12              ).grid(row=0, column=2)
13      Label(operateFrame, text='年龄',font=('宋体', 10, 'bold')
14              ).grid(row=0, column=3)
15      Label(operateFrame, text='电话',font=('宋体', 10, 'bold')
16              ).grid(row=0, column=4)
17
18      stulist = cn.execute('select * from student').fetchall()
19
20      rownum = 1
21      for stu in stulist:
22          colnum = 1
23          for info in stu:
24              Label(operateFrame, text=str(info),font=('宋体', 10)
25                  ).grid(row=rownum, column=colnum)
26              colnum += 1
27          rownum += 1
```

代码解释：

①第 5 行到第 8 行，设置 operateFrame 中 4 列的每列的最小宽度。

②第 18 行，从数据库取得 student 表的内容，获得列表 stulist，列表中的每个成员是一个元组，每个元组由一条记录的每个字段构成。

③第 20 行到第 27 行，将 stulist 列表中的内容，按行按列用标签放入 operateFrame 中并显示出来。

8.5 功能实现版本 4——查找删除修改学生

完成班级信息管理系统—“学生管理”—“查找 / 修改 / 删除学生信息”模块，需求参见 8.1.3 小节的具体描述，运行结果分别如图 8-7、图 8-8、图 8-9、图 8-10、图 8-11、图 8-12 所示。

对应视频：第 8 章 -6-v4-1- 查找 / 修改 / 删除界面 .mp4

第 8 章 -7-v4-2- 查找 / 修改 / 删除功能实现 .mp4

将代码 8.15 中第 65 行的空函数 checkUpdateStudent() 替换为代码 8.17。

【代码 8.17】

```
1   def checkUpdateStudent():                              #v4
```

```
    for widget in operateFrame.winfo_children():  # 清空窗口中原有的所有内容
        widget.destroy()

    f1 = LabelFrame(operateFrame,text='查找学生：')
    f1.pack()

    studentIdToSearchVar = StringVar()
    Label(f1, text='请输入要查找的学生学号：').grid(row=1, column=1)
    tStudentIdToSearch = Entry(f1,textvariable=studentIdToSearchVar)
    tStudentIdToSearch.grid(row=1, column=2)
    bSearch = Button(f1, text='查询')
    bSearch.grid(row=1, column=3)

    f2 = LabelFrame(operateFrame,text='删除与修改学生：')
    f2.pack(pady=30)

    fDelete = Frame(f2)
    fDelete.pack()
    bDelete = Button(fDelete,text='删除学生',state=DISABLED)
    bDelete.pack()

    fUpdate = Frame(f2)
    fUpdate.pack()
    studentIdVar = StringVar()
    studentNameVar = StringVar()
    ageVar = StringVar()
    telVar = StringVar()
    Label(fUpdate,text='学号：').grid(row=1,column=1)
    Label(fUpdate, text='姓名：').grid(row=2, column=1)
    Label(fUpdate, text='年龄：').grid(row=3, column=1)
    Label(fUpdate, text='电话：').grid(row=4, column=1)
    Entry(fUpdate,textvariable=studentIdVar,state=DISABLED).grid(row=1,column=2)
    Entry(fUpdate,textvariable=studentNameVar).grid(row=2, column=2)
    Entry(fUpdate,textvariable=ageVar).grid(row=3, column=2)
    Entry(fUpdate,textvariable=telVar).grid(row=4, column=2)
```

```
    bSave = Button(fUpdate,text='保存修改',state=DISABLED)
    bSave.grid(row=4,column=3)

    def search(event=None):
        studentIdVar.set('')
        studentNameVar.set('')
        ageVar.set('')
        telVar.set('')
        studentIdToSearch = studentIdToSearchVar.get()
        stu = cn.execute('SELECT sid,sname,age,tel FROM student
                              WHERE sid=?' ,(studentIdToSearch,)).fetchone()
        print(stu)
        if stu == None:
            showinfo(systitle,'该学生不存在')
            bSave.config(state=DISABLED)
            bDelete.config(state=DISABLED)
        else:
            studentIdVar.set(stu[0])
            studentNameVar.set(stu[1])
            ageVar.set(stu[2])
            telVar.set(stu[3])
            bDelete.config(state=NORMAL)
            bSave.config(state=NORMAL)

    bSearch.config(command=search)
    tStudentIdToSearch.bind("<Return>",search)

    def delete():
        cn.execute('DELETE FROM student WHERE sid=?',(studentIdVar.get(),))
        cn.commit()
        showinfo(systitle,'成功删除！')
        studentIdVar.set('')
        studentNameVar.set('')
        ageVar.set('')
        telVar.set('')
```

```
    bDelete.config(command=delete)

    def save():
        cn.execute('UPDATE student SET sname=?,age=?,tel=? WHERE sid=?' ,
                   (studentNameVar.get(),ageVar.get(),telVar.get(),
studentIdVar.get()))
        cn.commit()
        showinfo(systitle,'成功修改！ ')

    bSave.config(command=save)
```

请根据当前版本的实现，完成“科目管理”中的“添加新科目”“显示所有科目信息”“查找 / 修改 / 删除科目信息”功能。需求参见 8.1.3 小节的具体描述，运行结果分别如图 8-13 ～图 8-23 所示。

对应视频：第 8 章 -8-v5- 科目管理模块 .mp4

8.6 功能实现版本 5——成绩录入

完成班级信息管理系统—“成绩管理”—“录入成绩”模块，参见 8.1.3 小节的具体描述，运行结果分别如图 8-25、图 8-26 所示。

【代码 8.18】

```
#v6 成绩管理
def inputScore():
    for widget in operateFrame.winfo_children(): # 清空窗口中原有的所有内容
        widget.destroy()

    f1 = Frame(operateFrame)
    f1.pack()

    Label(f1,text='科目名称：').grid(row=1,column=1)
    subjectNameVar = StringVar()
    comboxSubjectName = Combobox(f1, textvariable=subjectNameVar)
    comboxSubjectName.grid(row=1,column=2)
    bSave = Button(f1,text='保存成绩')
```

```
    bSave.grid(row=1,column=3)

    subjectList = cn.execute('SELECT cid,cname FROM course').fetchall()
    subjectNameList = []
    for sub in subjectList:
        subjectNameList.append(sub[1])

    comboxSubjectName["values"] = subjectNameList
    comboxSubjectName.current(0)

    f2 = Frame(operateFrame)
    f2.pack()
    Label(f2, text='学号',width=10).grid(row=1, column=1)
    Label(f2, text='姓名',width=10).grid(row=1, column=2)
    Label(f2, text='成绩',width=10).grid(row=1, column=3)
    f3 = Frame(operateFrame)                          # 输入成绩的内容窗口
    f3.pack()
    def go(*args):  # 处理事件，*args 表示可变参数
        for widget in f3.winfo_children():    # 清空输入成绩的内容窗口
            widget.destroy()

        scoreVarList = []
        studentList = cn.execute('SELECT sid,sname FROM student ORDER BY sid').fetchall()

        r = 2
        for stu in studentList:
            Label(f3,text=stu[0],width=10).grid(row=r,column=1)
            Label(f3,text=stu[1],width=10).grid(row=r,column=2)

            # 当前科目，每个学生对应一个输入成绩的文本框
            # 每个成绩文本框对应的控制变量，依次构成列表 scoreVarList
            scoreVar = StringVar()
            scoreVarList.append(scoreVar)
            Entry(f3,textvariable=scoreVar,width=10).grid(row=r,column=3)
```

```
        r += 1

    # 取到当前科目名称对应的编号
    subjectNameChosed = subjectNameVar.get()
    for sub in subjectList:
        if sub[1] == subjectNameChosed:
            subjectIdChosed = sub[0]

    # 把当前科目之前已经录入的成绩显示出来
    scoreExistList = cn.execute('SELECT sid,grade FROM score WHERE cid=? ',
                                (subjectIdChosed,)).fetchall()
    for stu, scoreVar in zip(studentList, scoreVarList):
        for s in scoreExistList:
            if stu[0] == s[0]:
                scoreVar.set(s[1])

    def save(): # 保存成绩：学号、科目编号、成绩
        # 先清空当前科目的所有成绩
        cn.execute('DELETE FROM score WHERE cid=?',(subjectIdChosed,))
        cn.commit()

        for stu,grade in zip(studentList,scoreVarList):
            s = grade.get().strip()
            if s.isdigit():
                s = int(s)
                if s >= 0  and s <= 100:
                    cn.execute('INSERT INTO score VALUES(?,?,?)' ,
                                         (stu[0],subjectIdChosed,s))
                else:
                    showinfo(systitle,'成绩必须在 0-100 之间')
            elif s != '':
                showinfo(systitle,'成绩不合理！')
        cn.commit()
        # 测试
        #scoreList = cn.execute('SELECT * FROM score').fetchall()
```

```
84                 #print(scoreList)
85             bSave.config(command=save)
86
87     comboxSubjectName.bind("<<ComboboxSelected>>", go)   # 绑定事件
```

代码解释：

①第 11 行 comboxSubjectName = Combobox(f1, textvariable=subjectNameVar)，创建了下拉列表组件 Combobox 的对象 comboxSubjectName，绑定了控制变量 subjectNameVar，可以通过此控制变量获取下拉列表被选中的字符串内容。

②第 16 行 subjectList = cn.execute('SELECT cid,cname FROM course').fetchall()，从数据库取出所有科目的编号和名称，得到列表 subjectList。第 18 至 19 行，将 subjectList 中的所有科目的名称取出来，放入列表 subjectNameList。第 21 行，将所有科目名称放入下拉列表中。

③第 87 行，下拉列表对象 comboxSubjectName 的“选中”事件绑定了函数 go(*args)。

④每当下拉列表重新选中选项（就会调用 go() 函数），第 32 行到第 33 行，实现清空显示当前科目的 f3 窗口。

8.7 功能实现版本 6——成绩查询

完成班级信息管理系统—“成绩管理”—“查询成绩”模块，参见 8.1.3 小节的具体描述，运行结果分别如图 8-27～图 8-31 所示。

对应视频：第 8 章 -9-v6-1 成绩管理模块 .mp4
第 8 章 -10-v6-2 成绩管理模块 .mp4
第 8 章 -11-v6-3 成绩管理模块 .mp4

【代码 8.19】

```
#v7 查询成绩
def searchScoreBySid():                    # 按科目编号查询
    for widget in operateFrame.winfo_children():  # 清空窗口中原有的所有内容
        widget.destroy()

    f1 = Frame(operateFrame)
    f1.pack()

    subjectNameToSearchVar = StringVar()

```

```
    Label(f1,text="科目名称").grid(row=1,column=1)
    comboxSubjectNameToSearch = Combobox(f1,textvariable=subjectNameToS
earchVar)
    comboxSubjectNameToSearch.grid(row=1,column=2)

    subjectList = cn.execute('SELECT cid,cname FROM course').fetchall()
    subjectNameList = []
    for sub in subjectList:
        subjectNameList.append(sub[1])

    comboxSubjectNameToSearch['values'] = subjectNameList

    f2 = Frame(operateFrame)
    f2.pack()
    Label(f2, text='学号',width=20).grid(row=1, column=1)
    Label(f2, text='姓名',width=20).grid(row=1, column=2)
    Label(f2, text='科目名称',width=20).grid(row=1, column=3)
    Label(f2, text='成绩',width=20).grid(row=1, column=4)

    f3 = Frame(operateFrame)
    f3.pack()

    def search(*args):
        for widget in f3.winfo_children():    # 清空f3窗口中原有的所有内容
            widget.destroy()

        subjectNameToSearch = subjectNameToSearchVar.get()
        for sub in subjectList:
            if sub[1] == subjectNameToSearch:
                subjectIdToSearch = sub[0]

        scoreList =cn.execute('''SELECT score.sid, student.sname, course.
cname, score.grade
                                FROM student,score,course
                                WHERE score.sid=student.sid AND
```

```
                score.cid=course.cid AND score.cid=?''' ,(subjectIdToSearch,)).
fetchall()
        #print(scoreList)
        r = 2
        for s in scoreList:
            c = 1
            for info in s:
                Label(f3,text=info,width=20).grid(row=r,column=c)
                c += 1
            r += 1

    comboxSubjectNameToSearch.bind("<<ComboboxSelected>>", search)

def searchScoreByUid():              # 按学号查询
    for widget in operateFrame.winfo_children():    # 清空窗口中原有的所有内容
        widget.destroy()

    f1 = Frame(operateFrame)
    f1.pack()

    studentIdToSearchVar = StringVar()

    Label(f1,text='学号：').grid(row=1,column=1)
    tStudentIdToSearch = Entry(f1,textvariable=studentIdToSearchVar)
    tStudentIdToSearch.grid(row=1,column=2)
    bSearch = Button(f1,text='查询')
    bSearch.grid(row=1,column=3)

    f2 = Frame(operateFrame)
    f2.pack()
    Label(f2, text='学号', width=20).grid(row=1, column=1)
    Label(f2, text='姓名', width=20).grid(row=1, column=2)
    Label(f2, text='科目名称', width=20).grid(row=1, column=3)
    Label(f2, text='成绩', width=20).grid(row=1, column=4)

```

```
    f3 = Frame(operateFrame)
    f3.pack()

    def search(event=None):
        for widget in f3.winfo_children():       # 清空 f3 窗口中原有的所有内容
            widget.destroy()

        scoreList = cn.execute('''SELECT score.sid, student.sname,course.cname,
                                  score.grade FROM score,student,course
                                  WHERE score.sid=student.sid AND
                                  score.cid=course.cid AND score.sid=?''' ,
                                  (studentIdToSearchVar.get(),)).fetchall()
        #print(scoreList)

        r = 2 #行号
        for s in scoreList:
            c = 1   #列表
            for info in s:
                Label(f3,text=info, width=20).grid(row=r,column=c)
                c += 1
            r += 1
    bSearch.config(command=search)
tStudentIdToSearch.bind("<Return>",search)
```

8.8 拓展功能需求

完成以下拓展功能需求：

- 请完成菜单项“成绩管理”—“成绩输出为 Excel 表”（按照科目分表单）。
- 请完成菜单项“其他”—“查看操作日志”（记录并显示所有对信息进行增、删、改、查的操作和时间）。
- 请完成菜单项“其他”—“关于”（显示软件版本信息）。

第 9 章 “贪吃蛇”游戏

本章课件

学习游戏实现模块 pygame 的使用，用 pygame 实现“贪吃蛇”游戏。
引入面向对象的概念，学习类的概念和定义方式、类和对象的使用方法。

9.1 基本需求

“贪吃蛇”如图 9-1 所示，游戏动画需求如下：

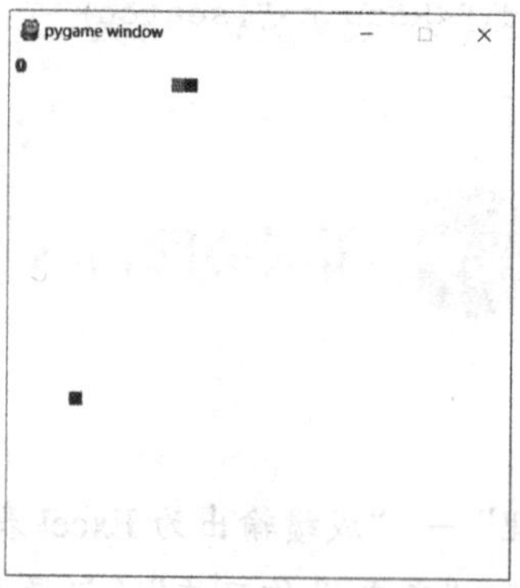

图 9-1 “贪吃蛇”游戏开始界面

- 游戏窗口中有一个方格代表“食物”，“食物”出现在窗口中的随机坐标处。
- 另外两个连续的方格代表初始的“蛇”，其中一个方格代表“蛇头”，另一个方格代表“蛇身”，“蛇”自动爬行。每个方格颜色不同。
- 窗口左上角显示玩家的得分，初始为 0。

➢ 用键盘“上”“下”“左”“右”键，可以控制蛇的爬行方向。

➢ 当“蛇头”碰到“食物”，原来“食物”消失，在新坐标出现“食物”，“蛇身”加长一节，玩家的得分加 10。

➢ 当“蛇头”碰到窗口边缘，或者“蛇头”碰到“蛇身”，游戏结束，显示“GAME OVER”（其界面见图 9-2）。

图 9-2 “贪吃蛇”游戏结束界面

9.2 功能实现版本 1——打开游戏窗口

9.2.1 pygame 基本使用

1. pygame 安装

pygame 模块是第三方模块，需要下载并安装，可以在 pygame 的官网或其他网站下载。要注意下载的版本是否适当，要区分操作系统的种类（如果是 Windows 操作系统要考虑是 32 位还是 64 位），区分 Python 的版本。

也可以自动下载并安装，在命令行运行 pip install pygame，如图 9-3 所示。

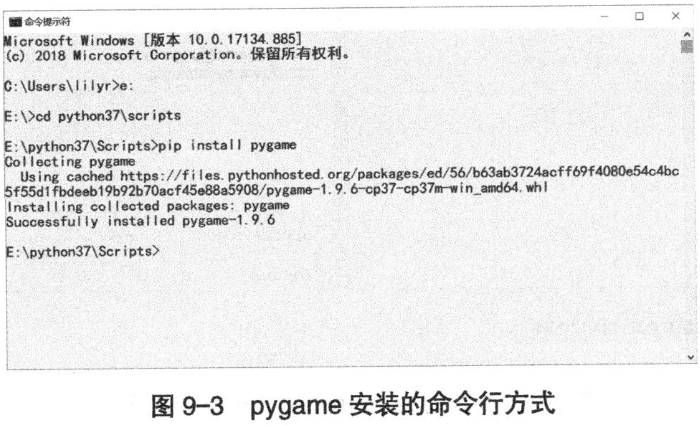

图 9-3 pygame 安装的命令行方式

当前使用 PyCharm 作为 IDE（Intergrated Develop Environment，集成开发环境）时，选中当前项目，单击“File”菜单→“Settings”→“Project testttt”→“Project Interpreter”，如图 9-4 所示。

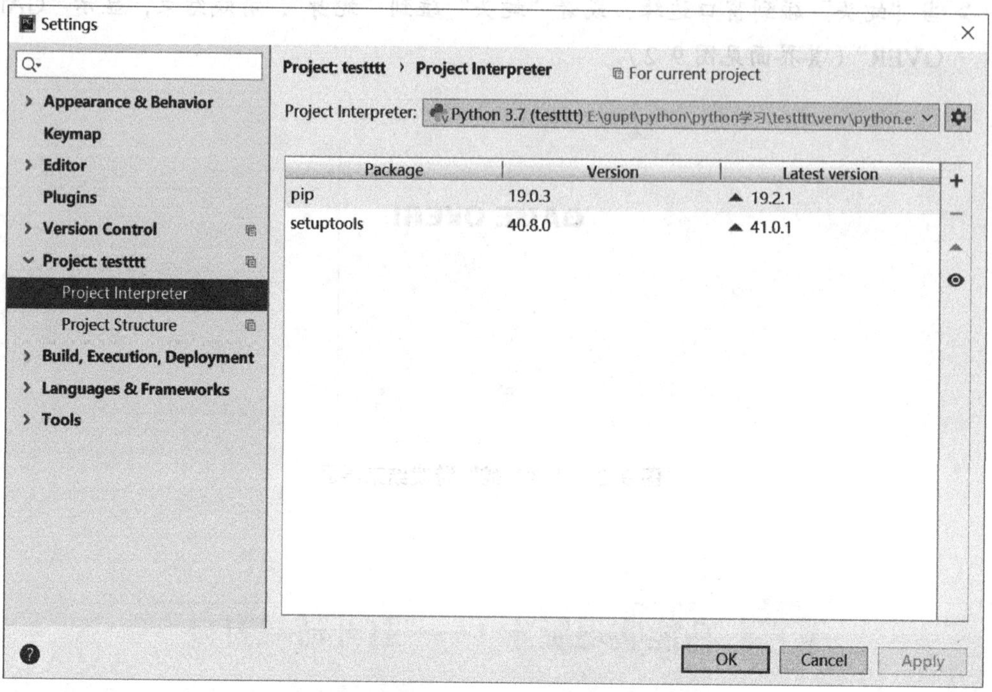

图 9-4　在 PyCharm 中安装 pygame 步骤 1

单击图 9-4 所示窗口右上角的“+”按钮，搜索“pygame”，如图 9-5 所示。

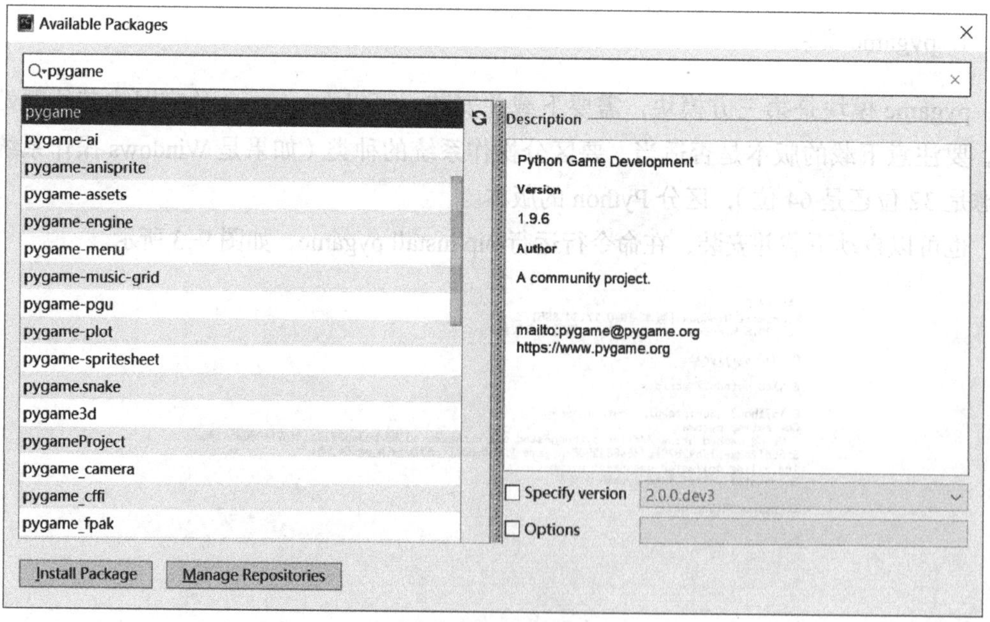

图 9-5　在 PyCharm 中安装 pygame 步骤 2

单击图 9-5 所示窗口左下角的“Install Package”按钮，安装 pygame 模块，如图 9-6 所示。

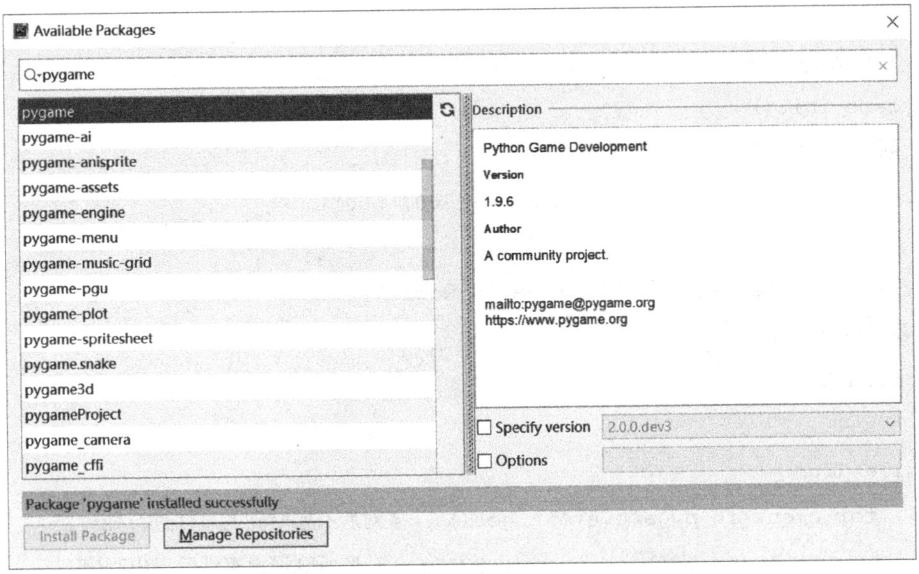

图 9-6　在 PyCharm 中安装 pygame 步骤 3

安装成功后，可以看到当前项目安装的包中有“pygame”，如图 9-7 所示

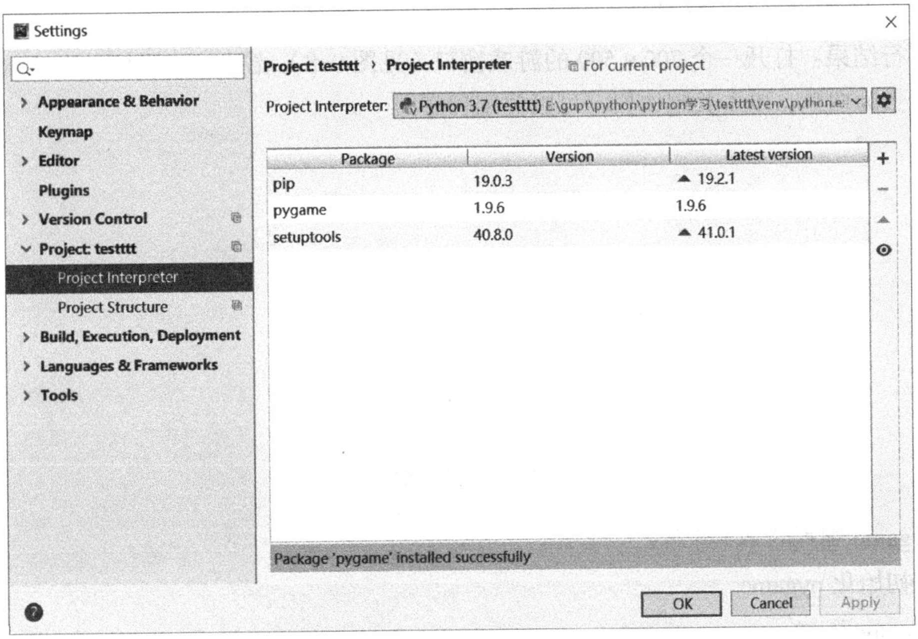

图 9-7　在 PyCharm 中安装 pygame 步骤 4

2.“helloworld”程序

学习利用 pygame 实现游戏的基本流程。

【代码 9.1】

```
import pygame

# 初始化 pygame
pygame.init()
# 创建了一个窗口
screen = pygame.display.set_mode((700, 500))
# 设置窗口标题
pygame.display.set_caption("hello world")
#窗口填充颜色
screen.fill([255, 255, 255])

while True:
    for event in pygame.event.get():  # 对所有监听到的事件进行处理
        if event.type == pygame.QUIT:  # 监听到退出事件后退出程序
            exit()
    # 刷新屏幕内容
    pygame.display.update()
```

运行结果：打开一个 700×500 的游戏窗口（见图 9–8），窗口的标题为“hello world”，窗口背景为白色，单击关闭按钮，可以关闭程序。

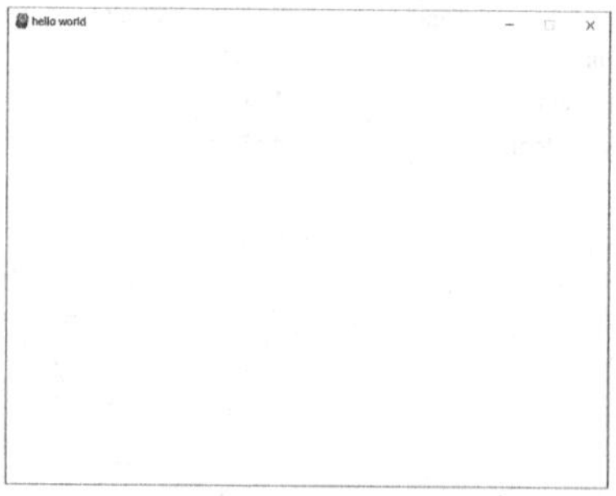

图 9–8　游戏窗口

pygame 编程的基本流程：

①初始化 pygame。

pygame.init()。

②初始化一个用来显示的窗口，设置窗口的宽度和高度。

screen = pygame.display.set_mode(([screen_width,screen_height]))。

③循环监听用户事件并做出响应。

while True。

```
        for event in pygame.event.get():  # 获取所有监听到的事件，一一进行处理
            if event.type == pygame.QUIT:  # 监听到退出事件后退出程序
                exit()
            # 刷新屏幕内容
            pygame.display.update()
```

3. pygame 绘制图形

学习利用 pygame 绘制图形。

【代码 9.2】

```
# 导入需要的模块
import pygame

# 初始化 pygame
pygame.init()

# 设置窗口的大小，单位为像素
screen = pygame.display.set_mode((400, 300))

# 设置窗口标题
pygame.display.set_caption('Drawing')
# 定义颜色
BLACK = (0, 0, 0)
WHITE = (255, 255, 255)
RED = (255, 0, 0)
GREEN = (0, 255, 0)
BLUE = (0, 0, 255)

# 设置背景颜色
screen.fill(WHITE)

# 绘制一条线
pygame.draw.line(screen, GREEN, [0, 0], [50, 30], 5)

# 绘制一条抗锯齿的线
pygame.draw.aaline(screen, GREEN, [0, 50], [50, 80], True)
```

```

# 绘制一条折线
pygame.draw.lines(screen, BLACK, False, [[0, 80], [50, 90], [200, 80], [220, 30]], 5)

# 绘制一个空心矩形
pygame.draw.rect(screen, BLACK, [75, 10, 50, 20], 2)

# 绘制一个矩形
pygame.draw.rect(screen, BLACK, [150, 10, 50, 20])

# 绘制一个空心椭圆
pygame.draw.ellipse(screen, RED, [225, 10, 50, 20], 2)

# 绘制一个椭圆
pygame.draw.ellipse(screen, RED, [300, 10, 50, 20])

# 绘制多边形
pygame.draw.polygon(screen, BLACK, [[100, 100], [0, 200], [200, 200]], 5)

# 绘制一个圆
pygame.draw.circle(screen, BLUE, [60, 250], 40)

# 游戏主循环
while True:
    # 获取事件
    for event in pygame.event.get():
        # 判断事件是否为退出事件
        if event.type == pygame.QUIT:
            # 退出系统
            exit()

    # 刷新屏幕内容
    pygame.display.update()
```

4. pygame 动画

动画效果是由循环多次描绘有差异的静态图片得到的。

由于人类眼睛的特殊生理结构，当画面的帧率大于 24fps 的时候，就会认为是连贯的，此现象称之为视觉暂留。

帧率就是每秒显示的帧数（frames per second，fps），值越大，图片速度越快。

一般来说，30fps 是可以接受的，提升至 60fps 则可以明显提升交互感和逼真感，但是超过 75fps 就不容易察觉到有明显的流畅度提升了。动画质量还和描绘图片的复杂度及计算机的执行速度有关。

动画实现的一般过程是循环执行以下 4 步：

①填充窗口，抹去窗口之前描绘的内容。

②改变要描绘的内容（比如：描绘的坐标或者图片的内容）。

③描绘改变之后的内容。

④按照频率刷新窗口。

pygame 按照设定的间隔时间刷新窗口，主要用到：

① pygame.time.Clock()，获得 pygame 的时钟。

② pygame.time.Clock.tick(FPS)，设置 pygame 时钟的间隔时间。

下面让我们学习利用 pygame 实现游戏动画。

需求：在 500 × 400 的游戏窗口中，画一个小球，沿着游戏窗口的边缘自行滚动。

【代码 9.3】

```
# 导入需要的模块
import pygame

# 初始化 pygame
pygame.init()

# 设置帧率（屏幕每秒刷新的次数）
FPS = 30

# 获得 pygame 的时钟
fpsClock = pygame.time.Clock()

# 设置游戏窗口的大小
screen = pygame.display.set_mode((500, 400), 0, 32)

# 设置游戏窗口的标题
pygame.display.set_caption('Animation')
```

```

# 定义颜色
WHITE = (255, 255, 255)

# 初始位置
x = 10
y = 10

# 初始移动方向
direction = 'right'

# 程序主循环
while True:

    # 每次都重新绘制背景白色
    screen.fill(WHITE)

    # 根据移动方向改变相应的坐标，并判断小球在屏幕边缘时改变移动方向
    if direction == 'right':
        x += 5
        if x == 500-5:
            direction = 'down'
    elif direction == 'down':
        y += 5
        if y == 400-5:
            direction = 'left'
    elif direction == 'left':
        x -= 5
        if x == 5:
            direction = 'up'
    elif direction == 'up':
        y -= 5
        if y == 5:
            direction = 'right'

    # 以(x,y)为圆心绘制一个半径为5，红色，实心的圆
```

```
    pygame.draw.circle(screen,(255,0,0),(x,y),5,0)

    for event in pygame.event.get():
        if event.type == pygame.QUIT:
            exit()

    # 刷新屏幕
    pygame.display.update()

    # 设置 pygame 时钟的间隔时间
    fpsClock.tick(FPS)
```

运行结果如图 9–9 所示，红色小球自行沿着游戏窗口的边缘移动。

图 9–9　代码 9.9 的运行结果

5. pygame 事件

pygame 中常用事件见表 9–1。

表 9–1　pygame 中常用事件

事件	产生途径	参数
QUIT	用户单击关闭按钮	none
ACTIVEEVENT	pygame 被激活或者隐藏	gain, state
KEYDOWN	键盘按键被按下	unicode, key, mod
KEYUP	键盘按键被放开	key, mod
MOUSEMOTION	鼠标移动	pos, rel, buttons
MOUSEBUTTONDOWN	鼠标按下	pos, button
MOUSEBUTTONUP	鼠标放开	pos, button
VIDEORESIZE	pygame 窗口缩放	size, w, h

学习利用 pygame 响应用户事件。

【代码 9.4】

```
# 导入需要的模块
import pygame, sys
from pygame.locals import *                    # 导入 pygame 中定义的若干常量

# 定义颜色
WHITE = (255, 255, 255)
# 初始化 pygame
pygame.init()
# 设置窗口的大小，单位为像素
screen = pygame.display.set_mode((500,400), 0, 32)
# 设置窗口的标题
pygame.display.set_caption('Event')
# 设置背景
screen.fill(WHITE)

# 程序主循环
while True:
  # 获取所有事件，并对事件序列进行迭代
  for event in pygame.event.get():
    # 判断事件是否为退出事件
    if event.type == QUIT:
        # 退出系统
        sys.exit()

    # 获得鼠标当前的位置
    if event.type ==MOUSEMOTION:
        print(event.pos)

    # 获得鼠标按下的位置
    if event.type ==MOUSEBUTTONDOWN:
        print(" 鼠标按下: ",event.pos)

    # 获得鼠标抬起的位置
```

```
if event.type ==MOUSEBUTTONUP:
    print("鼠标抬起：",event.pos)

# 获得键盘按下的事件
# 当按下，上，下，左，右键，或者 w,s,a,d 键时，分别在控制台输出上，下，左，右
if event.type == KEYDOWN:
    if(event.key==K_UP or event.key==K_w):
        print("上")
    if(event.key==K_DOWN or event.key==K_s):
        print("下")
    if(event.key==K_LEFT or event.key==K_a):
        print("左")
    if(event.key==K_RIGHT or event.key==K_d):
        print("右")
    # 按下键盘的 Esc 键退出
    if(event.key==K_ESCAPE):
        # 退出系统
        sys.exit()

# 刷新屏幕内容
pygame.display.update()
```

6. pygame 绘制文字

pygame 绘制文字主要用到：

① pygame 字体类。

pygame.font.Font(filename, size)。

filename：字体名称或字体文件的文件名。

size：字体的高 height，单位为像素。

② pygame 文字渲染方法。

pygame.font.Font.render(text, antialias, color, background=None)。

text：要显示的文字。

antialias：是否抗锯齿。

color：字体颜色。

background：背景颜色（可选参数）。

下面我们来学习利用 pygame 在游戏窗口中绘制文字。

【代码 9.5】

```
import pygame

# 初始化 pygame
pygame.init()
# 创建了一个窗口
screen = pygame.display.set_mode((700, 500))
# 设置窗口的标题
pygame.display.set_caption("hello world")
# 窗口填充颜色
screen.fill([255, 255, 255])

# 获取系统字体，并设置文字大小
cur_font = pygame.font.SysFont(" 宋体 ", 50)
# 设置文字内容，抗锯齿，颜色
text_fmt = cur_font.render("helloworld", 1, (255, 0, 0))
# 在指定坐标位置绘制文字
screen.blit(text_fmt, (100, 100))

while True:
    for event in pygame.event.get():  # 对所有监听到的事件进行处理
        if event.type == pygame.QUIT:  # 监听到退出事件后退出程序
            exit()
    # 刷新屏幕内容
    pygame.display.update()
```

运行结果如图 9-10 所示。

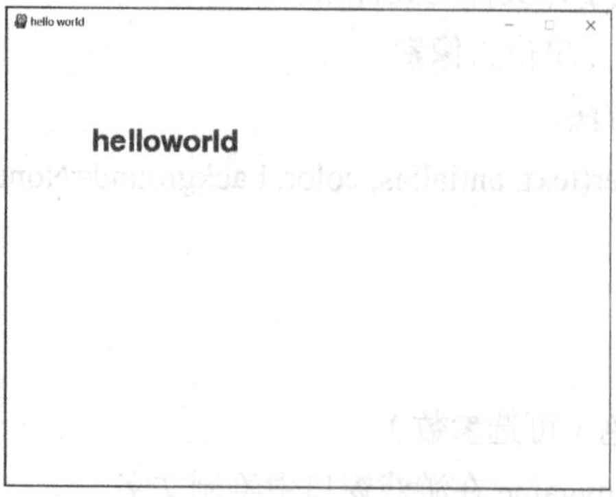

图 9-10　代码 9.5 的运行结果

9.2.2　版本 1——“打开游戏窗口”的参考程序代码

“贪吃蛇”游戏起点——打开游戏窗口。

【代码 9.6】

对应视频：第 9 章 –1– 代码 9.6.mp4

```
import pygame

def main():
    pygame.init()
    # 1. 创建一个 400×400 的窗口
    screen = pygame.display.set_mode([400, 400])
    # 2. 填充窗口为白色
    screen.fill([255, 255, 255])
    while True:
        #3. 当单击关闭按钮时，关闭程序
        for event in pygame.event.get():
            if event.type == pygame.QUIT:
                sys.exit()
        #4. 把窗口呈现出现
        pygame.display.update()    # 每循环一次，就刷新一次屏幕

if __name__ == '__main__':
    main()
```

运行结果如图 9–11 所示。

图 9–11　代码 9.6 的运行结果

9.3 功能实现版本 2——蛇的出现

9.3.1 面向对象入门——类和对象

Python 是一种面向对象的语言。

Python 3.0 的数据类型主要分为两大类：数字类型和组合类型。数字类型包括 int（整型）、float（浮点）、bool（布尔）、complex（复数）等。组合类型包括 string（字符串）、list（列表）、tuple（元组）、set（集合）、dictionary（字典）。数据类型规定了该数据类型的所有实例所共同具有的属性，以及可以进行的各种操作。

除了以上语言内置的数据类型之外，还可以自定义数据类型，自定义的数据类型叫作“类”。类规定了属于该类的所有实例共同具有的属性（成员变量），以及所有实例可以进行的操作（成员方法，是以函数的方式进行定义的）。

注：实例也称为对象、实体。在面向对象技术中，类中定义的函数一般称为方法。

1. 类的定义

例如：

【代码 9.7】

```
class Dog:
    def say(self):
        print('I am doggy %s.'%self.name)
        print('My age is %s.'%self.age)
```

类用关键字 class 定义，后面跟类名和冒号。冒号后面的内容就是类的内容，类中的函数定义就是该类的成员方法，是该类所有对象可以调用的方法。所有“self.”后面的变量，叫作成员变量，是该类所有对象的属性。

定义了类之后，可以用类实例化对象，用对象引用成员变量或者调用成员方法。例如：

【代码 9.8】

```
d1 = Dog()                       # 实例化 Dog 类，得到实例对象 d1
d1.name = 'lily'                 # 给 d1 的 name 属性赋值
d1.age = 2                       # 给 d1 的 age 属性赋值
d1.say()                         # 对象 d1 调用 Dog 类的成员方法 say()
print(d1.name)                   # 输出对象 d1 的 name 属性的值
print(d1.age)                    # 输出对象 d1 的 age 属性的值
```

运行结果：

```
I am doggy lily.
```

```
My age is 2.
lily
2
```

由此，类的定义包括成员方法（行为）和成员变量（属性）两部分。成员方法的第一个参数是self，指代的是调用成员方法的实例对象。所有成员方法中以“self.”开头的变量是成员变量。

用类名加“( )”就可以实例化该类的对象，对象可以引用类的成员变量或者调用类的成员方法。每次实例化对象时，就会为该对象分配内存空间，用来保存该对象的所有属性。

用类可以实例化若干个对象，每个对象的属性和可调用的方法都在类中定义了，不需要对每个对象重复定义。

2. 构造方法和析构方法

在类的定义中，方法名为“__init__”的成员方法叫作构造方法。构造方法是在实例化对象的时候自动调用的，一般用来实现对象的初始化。

在类的定义中，方法名为“__del__”的成员方法叫作析构方法。析构方法是在对象被回收的时候自动调用的。构造方法和析构方法不是必须要提供的。

【代码 9.9】

```
class Dog:
    def __init__(self,name,age):                    # 构造方法
        self.name = name
        self.age = age
    def say(self):
        print('I am doggy %s.'%self.name)
        print('My age is %s.'%self.age)
    def __del__(self):                              # 析构方法
        print(self.name,':byebye!')

d1 = Dog('lily',2)          # 实例化 Dog 类，自动调用了 Dog 类的构造方法
d1.say()
d1.age = 3
d1.say()
```

执行结果：

```
I am doggy lily.
My age is 2.
I am doggy lily.
```

```
My age is 3.
lily :byebye!
```

9.3.2 版本 2 的参考程序代码

分析：在窗口中用若干个大小相等且连续的矩形来代表“蛇”，其中每个矩形称为“节”。Snake_part 类定义蛇的一节，每节指定是一个边长为 10 的正方形，这样每节只需要记录左上角的坐标。每节需要三个参数来确定，即左上角的 x 坐标、y 坐标及这一节的颜色。Snake 类定义蛇的属性和方法。

对于 Snake 类，现阶段先定义蛇只有一节（蛇头）。

创建一个新的 python 文件 player.py，用来定义 Snake 类和 Snake.part 类。

【代码 9.10】player.py

对应视频：第 9 章 -2- 代码 9.10 和 9.11.mp4

```
import pygame

class Snake_part:     #"蛇"的一节
    #构造方法
    def __init__(self,x,y,color = (0,0,240)):   #每节三个属性：左上角 x、y 坐标和颜色
        self.x = x
        self.y = y
        self.color = color

    def blit(self,screen):
        #画出左上角坐标为 self.x,self.y，颜色是 self.color 的一个矩形
        pygame.draw.rect(screen,self.color , [self.x, self.y, 10, 10], 0)

class Snake:      #蛇
    def __init__(self):              #蛇初始只有一节：蛇头
        # 创建一个 Snake_part 的对象，作为蛇头造词定初始坐标和颜色
        # 此句会自动调用 Snake_part 类的 __init__ 成员方法
        self.head = Snake_part(20, 20, (0,100,0))

    def blit(self,screen):
        self.head.blit(screen)
```

在主函数中，创建一个 Snake 类的实例，在游戏主循环中画出蛇。

注意区分代码中 Snake 是类名，snake 是对象名。

【代码 9.11】tcs.py（在上个版本的代码 9.6 的基础上增加了第 12 行和第 20 行）

```
1  import pygame
2  import player
3
4  def main():
5          pygame.init()
6          # 1. 创建一个 400×400 的窗口
7          screen = pygame.display.set_mode([400, 400])
8          # 2. 填充窗口为白色
9          screen.fill([255, 255, 255])
10
11         # 创建一个 Snake 类的实例 snake
12         Snake = player.snake()
13
14         while True:
15             #3. 当单击关闭按钮时，关闭程序
16             for event in pygame.event.get():
17                 if event.type == pygame.QUIT:
18                     exit()
19             #4. 呈现窗口内容
20             snake.blit(screen)      # 画出蛇
21             pygame.display.update()     # 每循环一次，就刷新一次屏幕
22
23 if __name__ == '__main__':
24         main()
```

运行结果：出现只有一节（蛇头）的蛇，静止无动画，如图 9-12 所示。

图 9-12 代码 9.11 的运行结果

9.4 功能实现版本 3——蛇自动前行

分析：实现蛇自动向右移动的动画效果。要实现动画，就需要在每次画出蛇之前，改变蛇的坐标，并设置循环的频率。

蛇自动前行的动画，是属于 Snake 类的行为，所以，这部分应该定义在 Snake 类中。首先实现蛇自动向右移动，将改变蛇的坐标写在一个新的方法 update() 中，在 blit() 画出蛇的方法中调用 update()，使得每次画出蛇都首先改变蛇的坐标。

版本 3 的参考程序代码如下：

【代码 9.12】player.py（在代码 9.10 的基础上增加了第 17、18、21 行）

对应视频：第 9 章 -3- 代码 9.12 和 9.13.mp4

```
1   import pygame
2
3   class Snake_part:
4       def __init__(self,x,y,color = (0,0,240)):
5           self.x = x
6           self.y = y
7           self.color = color
8
9       def blit(self,screen):
10          #画出左上角坐标为 self.x,self.y，颜色是 self.color 的一个矩形
11          pygame.draw.rect(screen,self.color , [self.x, self.y, 10, 10], 0)
12  class Snake:
13      def __init__(self):
14          # 自动调用 Snake_part 类的__init__成员方法
15          self.head = Snake_part(20, 20, (0,100,0))
16
17      def update(self):  # v3
18          self.head.x += 10  # 改变坐标，向右（初始时，只向右移动）
19
20      def blit(self,screen):
21          self.update()  # 改变坐标
22          self.head.blit(screen)
```

【代码 9.13】tcs.py（在代码 9.11 基础上增加了第 13 ～ 16、29 ～ 30 行）

```
1   import pygame
```

```
import player

def main():
    pygame.init()
    # 1. 创建一个 400×400 的窗口
    screen = pygame.display.set_mode([400, 400])
    # 2. 填充窗口为白色
    screen.fill([255, 255, 255])

    Snake = player.snake()

    # 设置帧率（屏幕每秒刷新的次数）
    FPS = 30
    # 获得 pygame 的时钟
    fpsClock = pygame.time.Clock()

    while True:
        #3. 当单击关闭按钮时，关闭程序
        for event in pygame.event.get():
            if event.type == pygame.QUIT:
                exit()
        #4. 把窗口呈现出来
        screen.fill([255, 255, 255])  # v3 清屏
        snake.blit(screen)     # 画出蛇

        pygame.display.update()    # 每循环一次，就刷新一次屏幕

        # v3 设置 pygame 时钟的间隔时间
        fpsClock.tick(FPS)
if __name__ == '__main__':
    main()
```

运行结果：出现只有一节（蛇头）的蛇，并自动向右移动。

9.5 功能实现版本 4——出现蛇身

分析：

在 Snake 类中增加一个属性 body（蛇身），蛇身是由若干个 Snake_part 对象构成的列表。

当蛇有了蛇身之后，蛇自动前行，改变坐标的算法为：

①每移动一步，在 body 的第 0 单元位置插入新的“一节”，这一节是以当前的蛇头坐标和蛇身颜色构成。

②删除 body 的最后一个单元。

③蛇头的坐标按照蛇的方向改变。（初始默认向右移动）

版本 4 的参考程序代码如下：

【代码 9.14】player.py（在代码 9.12 基础上增加了第 16～17、21～23、33～34 行）

对应视频：第 9 章 -4- 代码 9.14.mp4

```
1  import pygame
2
3  class Snake_part:
4      def __init__(self,x,y,color = (0,0,240)):
5          self.x = x
6          self.y = y
7          self.color = color
8
9      def blit(self,screen):
10         # 画出左上角坐标 self.x,self.y, 颜色是 self.color 的一个矩形
11         pygame.draw.rect(screen,self.color , [self.x, self.y, 10, 10], 0)
12 class Snake:
13     def __init__(self):
14         # 自动调用 Snake_part 类的 __init__ 成员方法
15         self.head = Snake_part(20, 20, (0,100,0))
16         self.body_color = (0, 255, 0)
17         self.body = [Snake_part(10, 20, self.body_color)]  # v4 蛇身 :Snake_
18                                                            part 对象的列表
19
20     def update(self):
21         self.body.insert(0, Snake_part(self.head.x, self.head.y, self.body_
```

```
color))  # v4
        self.body.pop()  # v4

        self.head.x += 10  # 改变坐标，向右

    def blit(self,screen):
        self.update()

        self.head.blit(screen)   #画出蛇头

        #画出蛇身
        for p in self.body:  # v4
            p.blit(screen)  # v4
```

【代码 9.15】tcs.py

```
import pygame
import player

def main():
        pygame.init()
        # 1. 创建一个 400×400 的窗口
        screen = pygame.display.set_mode([400, 400])
        # 2. 填充窗口为白色
        screen.fill([255, 255, 255])

        Snake = player.snake()

        # 设置帧率（屏幕每秒刷新的次数）
        FPS = 30
        # 获得 pygame 的时钟
        fpsClock = pygame.time.Clock()

        while True:
            #3. 当单击关闭按钮时，关闭程序
            for event in pygame.event.get():
                if event.type == pygame.QUIT:
```

```
                exit()
        #4. 把窗口呈现出来
        screen.fill([255, 255, 255])
        Snake.blit(screen)

        pygame.display.update()    # 每循环一次，就刷新一次屏幕

        fpsClock.tick(FPS)
if __name__ == '__main__':
    main()
```

运行结果：蛇有两节，一节蛇头，一节蛇身，颜色不同，自动向右移动，如图 9-13 所示。

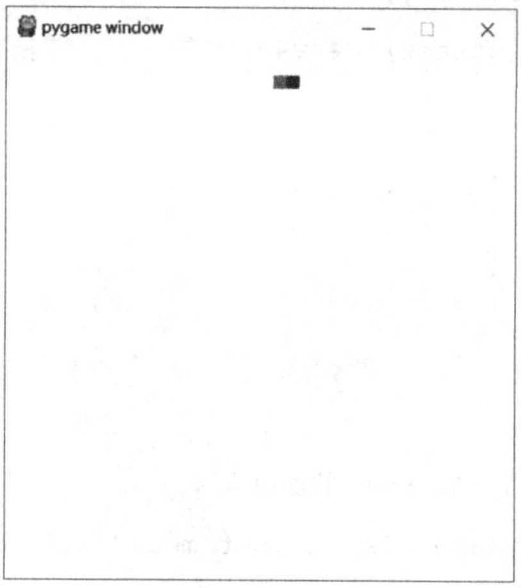

图 9-13　代码 9.15 的运行结果

9.6 功能实现版本 5——控制蛇转向和蛇撞墙检测

分析：

①增加“控制蛇转向”功能。

首先，在 Snake 类中增加一个方向（direction）属性，用整数 1、2、3、4 分别表示上、下、左、右。

玩家通过按下键盘的上、下、左、右键，控制蛇的转向。在主函数中，检测键盘按键被按下事件，对上、下、左、右键的按下给出响应：当上、下、左、右键被按下时，改变蛇的方向。要防止“蛇原地掉头”，这不符合“贪吃蛇”游戏的玩法。

在 Snake 类的 update() 方法中，改变蛇的坐标，其中蛇头的坐标改变要根据当前蛇的 direction 来改变。

②增加“检测蛇撞墙而死”功能。

在 Snake 类中增加一个生存状态（live）属性，用 1 代表“活着”，用 0 代表“死亡”，初值为 1。

在 Snake 类中增加一个方法 check_dead()，用来检测蛇的死亡，当蛇满足死亡的条件时，将蛇的 live 属性赋值为 0。蛇移动时，每次改变蛇的坐标，都有可能改变蛇的生存状态。所以，在 update() 方法中，改变蛇坐标之后，调用 check_dead() 检测蛇的生存状态。

在主函数的游戏主循环中，通过蛇的 live 属性判断蛇是否死亡，如果死亡，则调用 gameover() 方法，进行游戏结束处理。

增加一个“按参数要求描绘字符串”的函数 show_text()，因为游戏在不同的时候，需要以不同的坐标、字体、字号、颜色在屏幕上描绘不同的字符串。比如，结束时描绘“GAME OVER!”、后续要描绘游戏的得分、游戏排行榜等。所以，需要一个通用的函数，在不同情况下都可以按不同的需求描绘不同的字符串。

版本 5 的参考程序代码如下：

【代码 9.16】player.py（在代码 9.14 基础上增加了第 19～21、28～38、48～51 行）

对应视频：第 9 章 –5– 代码 9.16 和 9.17.mp4

```
1   import pygame
2
3   class Snake_part:
4       def __init__(self,x,y,color = (0,0,240)):
5           self.x = x
6           self.y = y
7           self.color = color
8
9       def blit(self,screen):
10          # 画出左上角坐标为 self.x,self.y，颜色是 self.color 的一个矩形
11          pygame.draw.rect(screen,self.color , [self.x, self.y, 10, 10], 0)
12  class Snake:
13      def __init__(self):
14          # 自动调用 snake_part 类的 __init__ 成员方法
15          self.head = Snake_part(20, 20, (0,100,0))
16          self.body_color = (0, 255, 0)
17          self.body = [Snake_part(10, 20, self.body_color)]
18
```

```
        self.direction = 2  # v5  1:左,2:右,3:上,4:下,蛇的方向,初始为向右

        self.live = 1  # v5  1:live,0:dead,蛇是否活着的,默认是活着

    def update(self):
        self.body.insert(0, snake_part(self.head.x, self.head.y, self.body_color))
        self.body.pop()

        #self.head_x += 10   # 注意,原来的向右移动的语句要删除掉
        # 根据方向改变坐标
        if self.direction == 1:
            self.head.x -= 10
        elif self.direction == 2:
            self.head.x += 10
        if self.direction == 3:
            self.head.y -= 10
        elif self.direction == 4:
            self.head.y += 10

        self.check_dead()     # v5 检测蛇的死亡

    def blit(self,screen):
        self.update()

        self.head.blit(screen)

        for p in self.body:
            p.blit(screen)

    def check_dead(self):  # v5 检测蛇的死亡并改变蛇的生存状态
        if self.head.x < 0 or self.head.x > 400 or self.head.y < 0 or\ self.
head.y > 400:  # v5
            self.live = 0  # v5
```

【代码 9.17】tcs.py（比代码 9.15 增加了第 21 ~ 33、39 ~ 40、46 ~ 73 行）

```
1  import pygame
```

```
import player

def main():
    pygame.init()
    # 1. 创建一个 400×400 的窗口
    screen = pygame.display.set_mode([400, 400])
    # 2. 填充窗口为白色
    screen.fill([255, 255, 255])
    Snake = player.snake()
    # 设置帧率（屏幕每秒刷新的次数）
    FPS = 30
        # 获得 pygame 的时钟
    fpsClock = pygame.time.Clock()

    while True:
        #3. 当单击关闭按钮时，关闭程序
        for event in pygame.event.get():
            if event.type == pygame.QUIT:
                exit()
            if event.type == pygame.KEYDOWN:
                if event.key == pygame.K_LEFT:
                    if snake.direction != 2:          # 防止蛇原地掉头
                        snake.direction = 1
                elif event.key == pygame.K_UP:
                    if snake.direction != 4:
                     snake.direction = 3
                elif event.key == pygame.K_RIGHT:
                    if snake.direction != 1:
                     snake.direction = 2
                elif event.key == pygame.K_DOWN:
                    if snake.direction != 3:
                        snake.direction = 4

        #4. 把窗口呈现出来
        screen.fill([255, 255, 255])
```

```
        snake.blit(screen)

        if snake.live == 0:  # v5 判断蛇是否死亡
            gameover(screen)

        pygame.display.update()    # 每循环一次，就刷新一次屏幕

        fpsClock.tick(FPS)

def gameover(screen):    #v5 游戏结束处理
    show_text(screen, (80, 100), "GAME OVER!", (255, 0, 0), True, 50, False)

# 按参数要求描绘字符串
def show_text(surface, pos, text, color, font_bold=False, font_size=13,
font_italic=False):
    '''
    Function: 文字处理函数
    Input: surface: 要输出的屏幕
            pos: 文字显示位置
            color: 文字颜色
            font_bold: 是否加粗
            font_size: 字体大小
            font_italic: 是否斜体
     '''
    # 获取系统字体，并设置文字大小
    cur_font = pygame.font.SysFont("宋体", font_size)
    # 设置是否加粗属性
    cur_font.set_bold(font_bold)

    # 设置是否斜体属性
    cur_font.set_italic(font_italic)

    # 设置文字内容
    text_fmt = cur_font.render(text, 1, color)

```

```
    # 绘制文字
    surface.blit(text_fmt, pos)

if __name__ == '__main__':
    main()
```

运行结果：游戏开始，蛇默认向右移动，可以用上、下、左、右键控制蛇的爬行方向，并且对于“原地掉头”的按键不响应；当蛇撞墙之后，会显示“GAME OVER！”。

9.7 功能实现版本 6——食物出现和蛇吃食物处理

分析：

①定义类 Food（食物）。

食物用一个边长为 10 的正方形代表（要和蛇的每一节相同大小）。Food 类有三个属性：左上角坐标 x、y 和食物的颜色 color。

食物的坐标是随机数，并且当蛇吃掉食物之后，食物坐标需要重新赋值。

食物的坐标需要满足以下条件：

- x 坐标范围是从 0 到（窗口的宽度 – 食物边长），y 坐标范围是从 0 到（窗口的高度 – 食物边长）。
- 根据“贪吃蛇”游戏的玩法，食物和蛇头要么正对（蛇吃到食物），要么完全不能重叠（蛇没吃到食物），食物和蛇头不能部分重叠。那么，食物的 x、y 坐标值是矩形边长的整数倍，蛇头坐标值也是矩形边长的整数倍。

②“蛇”吃到食物的处理。

为 Snake 类增加属性：蛇身长度 len（初值为 1），游戏得分 score（初值为 0）。

在 Food 类中，为 blit() 方法增加一个参数 snake，传入蛇对象，判断当前食物是否被蛇吃到。如果吃到，就重新产生食物坐标，并将蛇身长度 len 加 1，增加游戏得分。

在 Snake 类中，用 update() 方法改变蛇的坐标时，要为“删掉蛇的最后一节”增加条件，保证当蛇身长度 len 加 1 的时候，不再删除最后一节，使得蛇的 body 列表中最尾处增加一节。

在主函数中，增加创建食物对象的语句；在游戏主循环中，画出食物对象，并描绘出游戏得分。

版本 6 的参考程序代码如下：

创建一个新的 python 文件 food.py，用于定义 Food 类。

【代码 9.18】food.py

对应视频：第 9 章 -6- 代码 9.18-1.mp4

第 9 章 -7- 代码 9.18 和 9.19.mp4

```
import pygame
import random

class Food:
    def __init__(self,color):
        self.color = color
        # 食物坐标是随机数，坐标需要出现在窗口范围内，
        并且是边长 10 的倍数（防止食物和蛇头部分重叠）
        self.x = random.randint(0,390)//10*10
        self.y = random.randint(0,390)//10*10

    def blit(self,screen,snake):    #v6
        # 当蛇吃了食物时，产生新的随机坐标
        if  snake.head.x == self.x and snake.head.y == self.y:  #v6
            self.x = int(random.randint(0,390)/10)*10
            self.y = int(random.randint(0,390)/10)*10
            # 当蛇吃到食物，蛇的长度 len 加 1，游戏得分加 10
            snake.len += 1
            snake.score += 10

        # 画出左上角坐标为 self.x,self.y，颜色是 self.color 的一个矩形
        pygame.draw.rect(screen,self.color , [self.x, self.y, 10, 10], 0)
```

【代码 9.19】player.py（比代码 9.16 增加了第 23～24、28～30 行）

```
1  import pygame
2
3  class Snake_part:
4      def __init__(self,x,y,color = (0,0,240)):
5          self.x = x
6          self.y = y
7          self.color = color
8
9      def blit(self,screen):
10         # 画出左上角坐标为 self.x,self.y，颜色是 self.color 的一个矩形
11         pygame.draw.rect(screen,self.color , [self.x, self.y, 10, 10], 0)
12 class Snake:
```

```
    def __init__(self):
        def __init__(self):
        # 自动调用 Snake_part 类的__init__成员
        self.head = Snake_part(20, 20, (0,100,0))
        self.body_color = (0, 255, 0)
        self.body = [Snake_part(10, 20, self.body_color)]

        self.direction = 2  # 1:left,2:right,3:up,4:down
        self.live = 1  # 1:live,0:dead

        self.len = 1   #v6
        self.score = 0   #v6

    def update(self):
        self.body.insert(0, Snake_part(self.head.x, self.head.y, self.body_color))
        if len(self.body) > self.len:       #v6 实现当蛇的长度 len 加 1 之后，
                                            # 蛇身变长 1 节
            self.body.pop()

        # 改变坐标，根据方向
        if self.direction == 1:
            self.head.x -= 10
        elif self.direction == 2:
            self.head.x += 10
        if self.direction == 3:
            self.head.y -= 10
        elif self.direction == 4:
            self.head.y += 10

        self.check_dead()

    def blit(self,screen):
        self.update()

        self.head.blit(screen)      # 画出蛇头

```

```
        for p in self.body:          # 画出蛇身
            p.blit(screen)

    def check_dead(self):
        # 撞墙判断
        if self.head.x < 0 or self.head.x > 400 or self.head.y < 0 or self.head.y > 400:
            self.live = 0
```

【代码 9.20】tcs.py（比代码 9.17 增加了第 13、42、47～48 行）

对应视频：第 9 章 -8- 代码 9.21 和 9.22.mp4

```
1  import pygame
2  import player
3  import food
4  from pygame.locals import *
5
6  def main():
7      pygame.init()
8      # 1. 创建一个 400×400 的窗口
9      screen = pygame.display.set_mode([400, 400])
10     # 2. 填充窗口为白色
11     screen.fill([255, 255, 255])
12     snake = player.Snake()
13     food1 = food.Food((240, 0, 0))  #v6
14     # 设置帧率（屏幕每秒刷新的次数）
15     FPS = 30
16         # 获得 pygame 的时钟
17     fpsClock = pygame.time.Clock()
18
19     while True:
20         #3. 当单击关闭按钮时，关闭程序
21         for event in pygame.event.get():
22             if event.type == pygame.QUIT:
23                 exit()
24             # 检查键盘事件（转向）
25             if event.type == pygame.KEYDOWN:
26                 if event.key == pygame.K_LEFT:
```

```
                    if snake.direction != 2:
                        snake.direction = 1
                elif event.key == pygame.K_UP:
                    if snake.direction != 4:
                        snake.direction = 3
                elif event.key == pygame.K_RIGHT:
                    if snake.direction != 1:
                        snake.direction = 2
                elif event.key == pygame.K_DOWN:
                    if snake.direction != 3:
                        snake.direction = 4

        #4. 把窗口呈现出来
        screen.fill([255, 255, 255])
        snake.blit(screen)
        food1.blit(screen, snake)  #v6

        if snake.live == 0:
            gameover(screen)

        show_text(screen, (5, 5), str(snake.score), (255, 0, 0), True,
                              20, False)  #v6 显示分数

        pygame.display.update()   # 每循环一次，就刷新一次屏幕

        fpsClock.tick(FPS)

def gameover(screen):
    show_text(screen, (80, 100), "GAME OVER!", (255, 0, 0), True, 50, False)

def show_text(surface, pos, text, color, font_bold=False, font_size=13, font_italic=False):
    '''
    Function: 文字处理函数
    Input: surface: 要输出的屏幕
             pos: 文字显示位置
```

```
            color: 文字颜色
            font_bold: 是否加粗
            font_size: 字体大小
            font_italic: 是否斜体
    '''
    # 获取系统字体，并设置文字大小
    cur_font = pygame.font.SysFont("宋体", font_size)
    # 设置是否加粗属性
    cur_font.set_bold(font_bold)

    # 设置是否斜体属性
    cur_font.set_italic(font_italic)

    # 设置文字内容
    text_fmt = cur_font.render(text, 1, color)

    # 绘制文字
    surface.blit(text_fmt, pos)

if __name__ == '__main__':
    main()
```

运行结果：出现食物，当蛇吃到食物时，蛇身加长 1 节，分数加 10 分，分数显示在左上角；蛇撞墙后，显示“GAME OVER！”，分别如图 9-14 和图 9-15 所示。

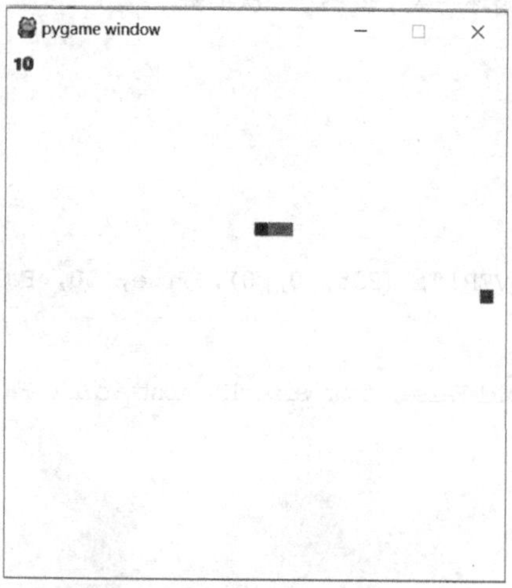

图 9-14　代码 9.20 的运行结果 1

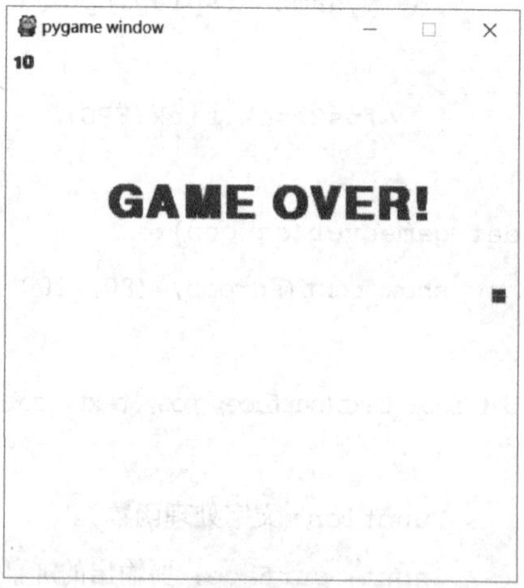

图 9-15　代码 9.20 的运行结果 2

9.8 功能实现版本 7——蛇吃到自己身体和避免食物坐标出现在蛇身体上的处理

分析：

①产生食物坐标时，食物坐标不能和蛇头、蛇身上的任意一节的坐标重合。

在 Food 类中增加一个方法 new_food()，用来产生新的食物坐标，因为食物坐标不能出现在蛇头和蛇身上，所以，new_food() 方法需要传入蛇对象。

②蛇头碰到自己的身体也会死亡。

在 Snake 类的 check_dead() 方法中，增加蛇头碰到蛇身而死亡的检测。

版本 7 的参考程序代码如下：

【代码 9.21】food.py（比代码 9.18 增加了第 7、12、20～35 行）

```
1  import pygame
2  import random
3
4  class Food:
5      def __init__(self,color,snake):
6          self.color = color
7          self.new_food(snake)  # v7 将产生食物坐标，定义为一个函数
8
9      def blit(self,screen,snake):
10         # 当蛇吃了食物时，要产生新的随机坐标
11         if  snake.head.x == self.x and snake.head.y == self.y:
12             self.new_food(snake) # v7
13
14             snake.len += 1
15             snake.score += 10
16
17         #画出左上角坐标为 self.x,self.y，颜色是 self.color 的一个矩形
18         pygame.draw.rect(screen,self.color , [self.x, self.y, 10, 10], 0)
19
20     def new_food(self, snake): # v7 产生新的食物坐标，食物不能出现在蛇头和蛇身上
21         on = 1  # 1：需要新坐标，0：不需要新坐标
22         while on == 1:  # 避免食物坐标在蛇身上
23             self.x = random.randint(0, 390)/ / 10 * 10
```

```
            self.y = random.randint(0, 390) / /10 * 10
            on = 0

            # 如果食物坐标和蛇头相同，on = 1
            if self.x == snake.head.x and self.y == snake.head.y:
                on = 1
            # 如果食物坐标在蛇身上，on = 1
            for s in snake.body:        # s 的类型是 Snake_part
                if s.x == self.x and s.y == self.y:
                    on = 1
                    break
```

【代码 9.22】player.py（比代码 9.19 增加了第 54 ～ 57 行）

```
1  import pygame
2
3  class Snake_part:
4      def __init__(self,x,y,color = (0,0,240)):
5          self.x = x
6          self.y = y
7          self.color = color
8
9      def blit(self,screen):
10         # 画出左上角坐标为 self.x,self.y, 颜色是 self.color 的一个矩形
11         pygame.draw.rect(screen,self.color , [self.x, self.y, 10, 10], 0)
12 class Snake:
13     def __init__(self):
14         # 自动调用 Snake_part 类的 __init__ 成员方法
15         self.head = Snake_part(20, 20, (0,100,0))
16         self.body_color = (0, 255, 0)
17         self.body = [Snake_part(10, 20, self.body_color)]
18         self.direction = 2  # 1:left,2:right,3:up,4:down
19
20         self.live = 1  # 1:live,0:dead
21
22         self.len = 1
23         self.score = 0
```

```
    def update(self):
        self.body.insert(0, snake_part(self.head.x, self.head.y, self.body_color))
        if len(self.body) > self.len:
            self.body.pop()

        #self.head.x += 10  # 改变坐标，向右
        # 改变坐标，根据方向
        if self.direction == 1:
            self.head.x -= 10
        elif self.direction == 2:
            self.head.x += 10
        if self.direction == 3:
            self.head.y -= 10
        elif self.direction == 4:
            self.head.y += 10

        self.check_dead()

    def blit(self,screen):
        self.update()

        self.head.blit(screen)

        for p in self.body:
            p.blit(screen)

    def check_dead(self):
        if self.head.x < 0 or self.head.x > 400 or self.head.y < 0\
            or self.head.y > 400:
            self.live = 0
        for s in self.body:     #v7 蛇头碰到蛇身而死
            if s.x == self.head.x and s.y == self.head.y:
                self.live = 0
                break
```

【代码 9.23】tcs.py

```
import pygame
import player
import food
from pygame.locals import *

def main():
    pygame.init()
    # 1. 创建一个 400×400 的窗口
    screen = pygame.display.set_mode([400, 400])
    # 2. 填充窗口为白色
    screen.fill([255, 255, 255])
    snake = player.Snake()
    food1 = food.Food((240, 0, 0),snake)

    # 设置帧率（屏幕每秒刷新的次数）
    FPS = 20
    # 获得 pygame 的时钟
    fpsClock = pygame.time.Clock()

    while True:
        #3. 当单击关闭按钮时，关闭程序
        for event in pygame.event.get():
            if event.type == pygame.QUIT:
                exit()
            # 检查键盘事件（转向）
            if event.type == pygame.KEYDOWN:
                if event.key == pygame.K_LEFT:
                    if snake.direction != 2:
                        snake.direction = 1
                elif event.key == pygame.K_UP:
                    if snake.direction != 4:
                        snake.direction = 3
                elif event.key == pygame.K_RIGHT:
                    if snake.direction != 1:
```

```
                        snake.direction = 2
                elif event.key == pygame.K_DOWN:
                    if snake.direction != 3:
                        snake.direction = 4

        #4. 把窗口呈现出来
        screen.fill([255, 255, 255])
        snake.blit(screen)
        food1.blit(screen, snake)

        if snake.live == 0:
            gameover(screen)

        show_text(screen, (5, 5), str(snake.score), (255, 0, 0), True, 20, False)

        pygame.display.update()    # 每循环一次，就刷新一次屏幕

        fpsClock.tick(FPS)

def gameover(screen):
    show_text(screen, (80, 100), "GAME OVER!", (255, 0, 0), True, 50, False)


def show_text(surface, pos, text, color, font_bold=False, font_size=13, font_italic=False):
    '''
        Function: 文字处理函数
        Input: surface: 要输出的屏幕
                pos: 文字显示位置
                color: 文字颜色
                font_bold: 是否加粗
                font_size: 字体大小
                font_italic: 是否斜体
        '''
    # 获取系统字体，并设置文字大小
    cur_font = pygame.font.SysFont("宋体", font_size)
```

```
        # 设置是否加粗属性
        cur_font.set_bold(font_bold)

        # 设置是否斜体属性
        cur_font.set_italic(font_italic)

        # 设置文字内容
        text_fmt = cur_font.render(text, 1, color)

        # 绘制文字
        surface.blit(text_fmt, pos)

if __name__ == '__main__':
    main()
```

9.9 功能实现版本 8——两个食物

分析：

可以有两个或者多个不同颜色、分值的食物，这是对经典“贪吃蛇”游戏的拓展。

因为有 Food 类，那么，不同的食物只是用 Food 类创建不同的对象。这里可以初步体会面向对象编程中，类定义的意义。

在 Food 类中，增加分值（bonus）属性，对不同的食物对象设置不同的分值。

在主函数中，创建的食物将是一个包含多个食物对象的列表。

版本 8 的参考程序代码如下：

对应视频：第 9 章 -9- 代码 9.24 和 9.25.mp4

【代码 9.24】food.py（与代码 9.21 相比，修改了第 5 行，增加了第 16 行）

```
1  import pygame
2  import random
3
4  class Food:
5      def __init__(self,color,snake,bonus):    #v8  每种食物增加分值属性
6          self.color = color
7          self.bonus = bonus   # 每吃一次当前食物的分值
```

```
            self.new_food(snake)

    def blit(self,screen,snake):
        # 当蛇吃了食物的时候，要产生新的随机坐标
        if  snake.head.x == self.x and snake.head.y == self.y:
             self.new_food(snake)

             snake.len += 1
             snake.score += self.bonus  # v8

        # 画出左上角坐标为 self.x,self.y, 颜色是 self.color 的一个矩形
        pygame.draw.rect(screen,self.color , [self.x, self.y, 10, 10], 0)

    def new_food(self, snake):
        on = 1  # 1:需要新坐标，0:不需要新坐标
        while on == 1:  # 避免食物坐标在蛇身上
            self.x = random.randint(0, 390)/ / 10 * 10
            self.y = int(random.randint(0, 390) / /10 * 10
            on = 0

            # 如果食物坐标和蛇头相同，on = 1
            if self.x == snake.head.x and self.y == snake.head.y:
                on = 1
            # 如果食物坐标在蛇身上，on = 1
            for s in snake.body:  # s 的类型是 snake_part
                if s.x == self.x and s.y == self.y:
                    on = 1
                    break
```

【代码 9.25】tcs.py（与代码 9.23 相比，增加了第 13 ～ 14、45 ～ 46 行）

```
1 import pygame
2 import player
3 import food
4
5 def main():
6     pygame.init()
```

```
# 1. 创建一个 400×400 的窗口
screen = pygame.display.set_mode([400, 400])
# 2. 填充窗口为白色
screen.fill([255, 255, 255])
snake = player.Snake()
#food1 = food.Food((240, 0, 0),snake)
# 多个食物  v8
foods = [food.Food((240, 0, 0), snake, 10), food.Food((100, 100, 0), snake, -5)]

# 设置帧率（屏幕每秒刷新的次数）
FPS = 20
# 获得 pygame 的时钟
fpsClock = pygame.time.Clock()

while True:
    #3. 当单击关闭按钮时，关闭程序
    for event in pygame.event.get():
        if event.type == pygame.QUIT:
            exit()
        # 检查键盘事件（转向）
        if event.type == pygame.KEYDOWN:
            if event.key == pygame.K_LEFT:
                if snake.direction != 2:
                    snake.direction = 1
            elif event.key == pygame.K_UP:
                if snake.direction != 4:
                    snake.direction = 3
            elif event.key == pygame.K_RIGHT:
                if snake.direction != 1:
                    snake.direction = 2
            elif event.key == pygame.K_DOWN:
                if snake.direction != 3:
                    snake.direction = 4

    #4. 把窗口呈现出现
```

```
        screen.fill([255, 255, 255])
        snake.blit(screen)
        #food1.blit(screen, snake)
        for f in foods:  # 画出所有的食物 v8
            f.blit(screen, snake)

        if snake.live == 0:
            gameover(screen)

        show_text(screen, (5, 5), str(snake.score), (255, 0, 0), True, 20, False)

        pygame.display.update()    # 每循环一次，就刷新一次屏幕

        fpsClock.tick(FPS)

def gameover(screen):
    show_text(screen, (80, 100), "GAME OVER!", (255, 0, 0), True, 50, False)

def show_text(surface, pos, text, color, font_bold=False, font_size=13,
              font_italic=False):
    '''
    Function: 文字处理函数
    Input: surface: 要输出的屏幕
            pos: 文字显示位置
            color: 文字颜色
            font_bold: 是否加粗
            font_size: 字体大小
            font_italic: 是否斜体
    '''
    # 获取系统字体，并设置文字大小
    cur_font = pygame.font.SysFont("宋体", font_size)
    # 设置是否加粗属性
    cur_font.set_bold(font_bold)

    # 设置是否斜体属性
```

```
    cur_font.set_italic(font_italic)

    # 设置文字内容
    text_fmt = cur_font.render(text, 1, color)

    # 绘制文字
    surface.blit(text_fmt, pos)

if __name__ == '__main__':
    main()
```

运行结果：有两个不同颜色的食物，蛇吃到不同的食物，得分不同，如图 9-16 所示。

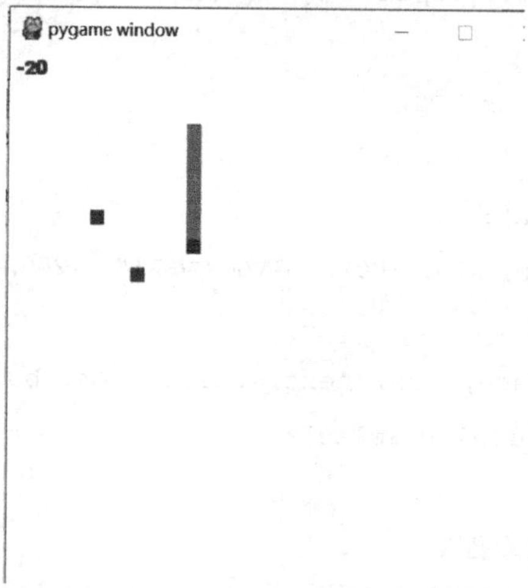

图 9-16　代码 9.26 的运行结果

拓展：由两个食物拓展为多个食物，每个食物的颜色不同、分值不同。

9.10 功能实现版本 9——两条蛇

分析：

由一条蛇拓展为两条蛇，每条蛇颜色不同，用键盘上不同的按键分别控制两条蛇的方向，两条蛇中有一条蛇死亡，显示游戏结束。

（1）主函数的修改

①创建的蛇是一个由蛇对象组成的列表。

②处理用户事件时，除了响应在键盘上按下上、下、左、右键，还有响应另外的四个

键，控制第二条蛇的方向。

③画出蛇，是画出蛇列表中的每条蛇。

④判断蛇的死亡，是对蛇列表中的每条蛇进行判断。

⑤显示分数，是显示蛇列表中的每条蛇的分数。

（2）Food 类的修改

传入的蛇对象，将改变蛇对象的列表，对列表中的每个 snake 对象进行修改操作。

（3）Snake 类的修改

在构造方法中增加参数 head_x、head_y（蛇头坐标）、head_color（蛇头颜色）、body_color（蛇身颜色）、direction（蛇的初始方向），用来初始化不同的蛇对象的属性。

（4）增加一个常量文件 constant.py

将游戏窗口的宽度、高度、上下左右方向用常量定义，增加代码的可维护性和可读性。

对应视频：第 9 章 –10– 代码 9.26 和 9.27 和 9.28.mp4

版本 9 的参考程序代码如下：

创建一个新的 python 文件 constant.py，用来定义常量。

【代码 9.26】constant.py

```
WIDTH = 500                  # 游戏窗口的宽度
HEIGHT = 500                 # 游戏窗口的高度
LEFT = 1                     # 蛇的运动方向：左
RIGHT = 2                    # 蛇的运动方向：右
UP = 3                       # 蛇的运动方向：上
DOWN = 4                     # 蛇的运动方向：下
```

【代码 9.27】player.py（与代码 9.22 相比，修改或增加的有第 15 ～ 19、21、25、34、36、38、40、52 ～ 53 行）

```
1   import pygame
2   import constant
3
4   class snake_part:
5       def __init__(self,x,y,color = (0,0,240)):
6           self.x = x
7           self.y = y
8           self.color = color
9
10      def blit(self,screen):
11          # 画出左上角坐标为 self.x,self.y, 颜色是 self.color 的一个矩形
12          pygame.draw.rect(screen,self.color , [self.x, self.y, 10, 10], 0)
```

```

class Snake:
    def __init__(self,head_x,head_y,head_color,body_color,direction= constant.RIGHT): #v9

        self.body_color = body_color  # v9
        self.head = Snake_part(head_x, head_y, head_color)
        self.body = []

        self.direction = direction

        self.live = 1  # 1:live,0:dead

        self.len = len(self.body)
        self.score = 0

    def update(self):
        self.body.insert(0, snake_part(self.head.x, self.head.y, self.body_color))
        if len(self.body) > self.len:
            self.body.pop()

        # 改变坐标，根据方向
        if self.direction == constant.LEFT:
            self.head.x -= 10
        elif self.direction == constant.RIGHT:
            self.head.x += 10
        if self.direction == constant.UP:
            self.head.y -= 10
        elif self.direction == constant.DOWN:
            self.head.y += 10

        self.check_dead()

    def blit(self,screen):
        self.update()
        self.head.blit(screen)
        for p in self.body:
```

```
            p.blit(screen)

    def check_dead(self):
        if self.head.x < 0 or self.head.x > constant.WIDTH -10 or self.head.y < 0 or \
                self.head.y > constant.HEIGHT - 10:
            self.live = 0

        for s in self.body:
            if s.x == self.head.x and s.y == self.head.y:
                self.live = 0
                break
```

【代码 9.28】food.py（与代码 9.24 相比，修改或增加的是第 15、20、31 ～ 41 行）

```
1  import pygame
2  import random
3  import constant
4
5  class Food:
6      def __init__(self,color,snake,bonus):
7          self.color = color
8          self.bonus = bonus  # 每吃一次当前食物的奖励
9          self.new_food(snake)
10
11     def blit(self,screen,snake):
12         # 当蛇吃了食物时，要产生新的随机坐标
13         # if  snake.head.x == self.x and snake.head.y == self.y:
14         #     self.new_food(snake)
15         for s in snake:  # v9 食物坐标和每条蛇比对
16             if s.head.x == self.x and s.head.y == self.y:
17                 self.new_food(snake)
18                 s.len += 1
19                 s.score += self.bonus
20                 break
21
22         #画出左上角坐标为self.x,self.y,颜色是self.color的一个矩形
23         pygame.draw.rect(screen,self.color , [self.x, self.y, 10, 10], 0)
```

```

    def new_food(self, snake):
        on = 1   # 1:需要新坐标,0:不需要新坐标
        while on == 1:  # 避免食物坐标在蛇身上
            self.x = int(random.randint(0, constant.WIDTH - 10) / 10) * 10
            self.y = int(random.randint(0, constant.HEIGHT - 10) / 10) * 10

            on = 0
            for s in snake:  # v9     食物不能出现在每条蛇身上
                if self.x == s.head.x and self.y == s.head.y:
                    on = 1
                    break
                for s1 in s.body:
                    if s1.x == self.x and s1.y == self.y:
                        on = 1
                        break
                if on == 1:
                break
```

【代码 9.29】tcs.py（与代码 9.25 相比，修改或增加的是第 10、14 ~ 15、33 ~ 57、62 ~ 63、70 ~ 72、75 ~ 76 行）

```
1   import pygame
2   from pygame.locals import *
3   import player
4   import food
5   import constant
6
7   def main():
8       pygame.init()
9       # 1. 创建一个 400×400 的窗口
10      screen = pygame.display.set_mode([constant.WIDTH, constant.HEIGHT])    #v9
11      # 2. 填充窗口为白色
12      screen.fill([255, 255, 255])
13      #snake = player.Snake()
14      snake = [player.Snake(200, 200, (255, 0, 0), (0, 220, 110), 2),
15                      player.Snake(350, 150, (125, 125, 255), (0, 244, 33), 3)]  # v9
```

```

#food1 = food.Food((240, 0, 0),snake)
foods = [food.Food((240, 0, 0), snake, 10), food.Food((100, 100, 0), snake, -5)]

# 设置帧率（屏幕每秒刷新的次数）
FPS = 5
# 获得 pygame 的时钟
fpsClock = pygame.time.Clock()

while True:
    #3. 当单击关闭按钮时，关闭程序
    for event in pygame.event.get():
        if event.type == pygame.QUIT:
            exit()
        # 检查键盘事件（转向）
        if event.type == KEYDOWN:     #用上、下、左、右键，控制一条蛇
            if event.key == K_LEFT:
                if snake[0].direction != constant.RIGHT:  # v9
                    snake[0].direction = constant.LEFT  # v9
            elif event.key == K_UP:
                if snake[0].direction != constant.DOWN:  # v9
                    snake[0].direction = constant.UP  # v9
            elif event.key == K_RIGHT:
                if snake[0].direction != constant.LEFT:  # v9
                    snake[0].direction = constant.RIGHT  # v9
            elif event.key == K_DOWN:
                if snake[0].direction != constant.UP:  # v9
                    snake[0].direction = constant.DOWN  # v9

            if event.key == pygame.K_a: #v9 用A、S、D、W键，控制另一条蛇
                if snake[1].direction != constant.RIGHT:  # v9
                    snake[1].direction = constant.LEFT  # v9
            elif event.key == pygame.K_w:  # v9
                if snake[1].direction != constant.DOWN:  # v9
                    snake[1].direction = constant.UP  # v9
```

```
            elif event.key == pygame.K_d:  # v9
                if snake[1].direction != constant.LEFT:  # v9
                    snake[1].direction = constant.RIGHT  # v9
            elif event.key == pygame.K_s:  # v9
                if snake[1].direction != constant.UP:  # v9
                    snake[1].direction = constant.DOWN  # v9

        #4. 把窗口呈现出来
        screen.fill([255, 255, 255])
        #snake.blit(screen)
        for s in snake:   #v9  画出每条蛇
            s.blit(screen)
        #food1.blit(screen, snake)
        for f in foods:  # 画出所有的食物
            f.blit(screen, snake)

        # if snake.live == 0:
        #     gameover(screen)
        for s in snake:  # v9   只要有一条蛇死亡，就显示游戏结束
            if s.live == 0:
                gameover(screen)

        #show_text(screen, (5, 5), str(snake.score), (255, 0, 0), True, 20, False)
        show_text(screen, (5, 5), str(snake[0].score), (255, 0, 0), True, 20, False)
        show_text(screen, (300, 5), str(snake[1].score), (255, 0, 0), True, 20, False)  # v9

        pygame.display.update()   # 每循环一次，就刷新一次屏幕

        fpsClock.tick(FPS)

def gameover(screen):
    show_text(screen, (80, 100), "GAME OVER!", (255, 0, 0), True, 50, False)

def show_text(surface, pos, text, color, font_bold=False, font_size=13,
font_italic=False):
```

```
    '''
       Function: 文字处理函数
       Input: surface: 要输出的屏幕
                 pos: 文字显示位置
                 color: 文字颜色
                 font_bold: 是否加粗
                 font_size: 字体大小
                 font_italic: 是否斜体
     '''
    # 获取系统字体，并设置文字大小
    cur_font = pygame.font.SysFont("宋体", font_size)
    # 设置是否加粗属性
    cur_font.set_bold(font_bold)

    # 设置是否斜体属性
    cur_font.set_italic(font_italic)

    # 设置文字内容
    text_fmt = cur_font.render(text, 1, color)

    # 绘制文字
    surface.blit(text_fmt, pos)

if __name__ == '__main__':
    main()
```

由此，可以看到，有了 Snake 类、Food 类的定义，在类中定义了所有蛇对象、食物对象的共同特征（属性和方法）。当有多个食物对象和蛇对象的时候，只需要创建新的对象，不需要对新的食物和新的蛇重复编程。

这个案例，是从一条蛇、一个食物的经典“贪吃蛇”游戏开始做起的。当没有出现两个食物两条蛇的需求时，Snake 类、Food 类的定义是有缺陷，不能适用于多个对象的应用场景。当需要实现多个食物对象、多个蛇对象的时候，要重新修改 Snake 类、Food 类的定义，这样造成相关代码的多处修改，这说明之前类的设计是不正确的。

在实际项目开发中，项目开始时，类的设计就要全面考虑整个项目需求的情况，并且类的设计是有一定原则的。在这个案例中，是带大家走一个演进的过程，体会类的定义的重要性，体会类的定义的基本特点。相关更进一步的内容，大家可以自主进行学习。

9.11 拓展功能需求

1. 游戏结束时，询问玩家，是否需要给予重新开始游戏的机会。

2. 游戏结束时，显示玩家历次成绩最高的前5名（提示：需要将每次得分存入文件，排序只保存前5名）。

3. 游戏过程中播放音乐。

第10章 网络爬虫

"网络爬虫"是实现按照既定的规则对网络信息进行自动化检索的计算机程序。在大数据时代，"爬虫"程序是个重要的应用。

要做"爬虫"程序，首先要了解网络通信协议 HTTP（超文本传输协议，Hyper Text Transfer Protocol）的原理，以及进行网页设计的 HTML（超文本标记语言，Hyper Text Markup Language）。

Python 是设计"爬虫"程序最常用的语言，拥有非常丰富的库和框架可以引用。这里学习用 Request 库和 Beautiful Soup 库，实现"网络爬虫"并获取电商网站的数据。

10.1 相关知识

10.1.1 概　　念

1. HTTP

我们平时通过浏览器上网，需要在浏览器的地址栏中输入要访问的网址（URL，Uniform Resource Locator），然后按下回车键，或者单击网页中的超链接，正常的话，就会打开所访问的网页。实际上，当按下回车键或者单击超链接时，计算机就会向网络中的一部 Web 服务器（Web Server）发送一个请求数据包（Request），服务器收到这个请求数据包之后，就会向计算机（客户机或客户端）发送一个响应数据包（Response）。这个通信过程，遵守 HTTP。客户机发出的请求数据包叫作 HTTP 请求，服务器回应的响应数据包叫作 HTTP 响应。

在服务器发送的响应数据包中，包含一段 HTML 的文本，客户端收到这段文本，通过浏览器的解析，就成为呈现出的网页。一次 HTTP 操作的示意图如图 10-1 所示。

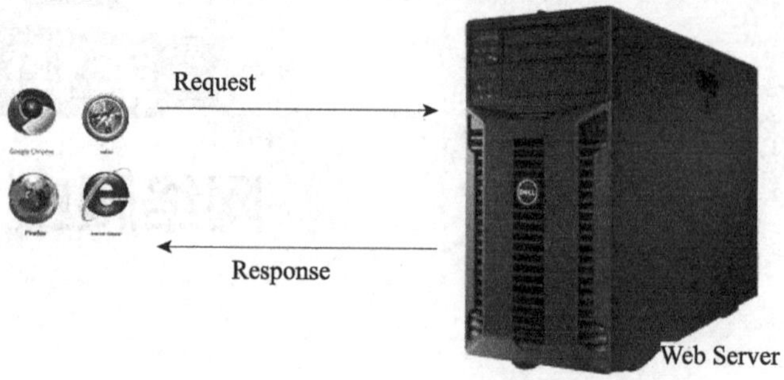

图 10-1　一次 HTTP 操作的示意图

2. HTTP 请求包

当客户机浏览器向 Web 服务器发出请求时，它向服务器发送了一个数据块，也就是 HTTP 请求包。

下面是一个 HTTP 请求包的例子：

```
GET /sample.jsp HTTP/1.1
Accept:image/gif.image/jpeg,*/*
Accept-Language:zh-cn
Connection:Keep-Alive
Host:localhost
User-Agent:Mozila/4.0(compatible;MSIE5.01;Window NT5.0)
Accept-Encoding:gzip,deflate

username=jinqiao&password=1234
```

1）HTTP 请求包的组成

- 状态行，包括请求方法、资源路径 URL、协议 / 版本。
- 请求头（Request Header）。
- 请求正文。

（1）状态行

请求包第一行的内容是“方法 +URL+ 协议 / 版本”，例如 GET /sample.jsp HTTP/1.1。在以上代码中，“GET” 代表请求方法，“/sample.jsp” 表示 URI，“HTTP/1.1 代表协

议和协议的版本。

根据 HTTP 标准，HTTP 请求可以使用多种请求方法。例如：HTTP1.1 支持 7 种请求方法，即 GET、POST、HEAD、OPTIONS、PUT、DELETE 和 TARCE。在 Internet 应用中，最常用的方法是 GET 和 POST。

URL 完整地指定了要访问的网络资源，通常只要给出相对于服务器的根目录的相对目录即可，因此总是以“/”开头。

最后，“协议 / 版本”声明了通信过程中使用的协议和版本。

（2）请求头

请求头包含许多有关客户端环境和请求正文的有用信息。例如，请求头可以声明浏览器所用的语言、请求正文的长度、请求的来源类型等。例如：

Accept:image/gif.image/jpeg.*/*

Accept-Language:zh-cn

Connection:Keep-Alive

Host:localhost

User-Agent:Mozila/4.0(compatible:MSIE5.01:Windows NT5.0)

Accept-Encoding:gzip,deflate.

其中，User-Agent 属性记录发出当前请求的来源，本例中是指浏览器，如果是用 Python 程序发出的请求，该属性的值就是 Python。而一些网站会通过拒绝非浏览器的请求，来实现反爬虫。

（3）请求正文

请求头和请求正文之间是一个空行，这个行非常重要，它表示请求头已经结束，接下来的是请求正文。请求正文中可以包含客户提交的查询字符串信息。

2）获取 HTTP 请求头的方法

有很多的软件工具可以抓取网络通信数据包，下面我们用浏览器的开发者工具来实现抓取 HTTP 请求包。

①打开 Chrome 浏览器，右击网页，选择右键菜单中的“检查”（或者按下快捷键 F12，或者在浏览器菜单找“开发者工具”选项并单击），即可打开“开发者工具”页面，单击“Network”选项卡，如图 10-2 所示。

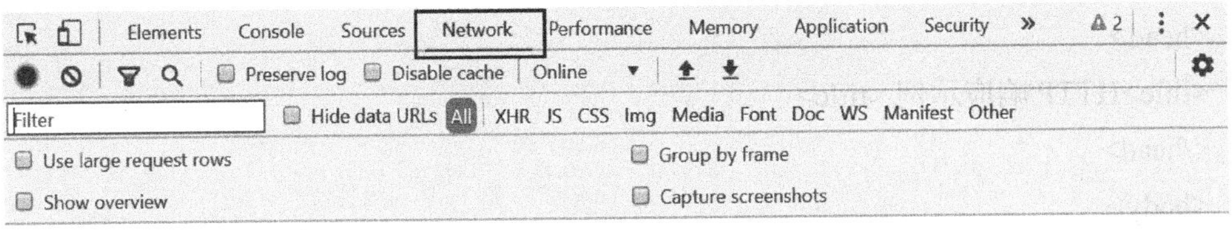

图 10-2　Chrome 浏览器“开发者工具”页面

②在浏览器网址栏中输入要访问的网址，然后回车，就会列出本次网络通信的所有数据流。单击要查看的数据流，右边就会列出相应的请求头和响应头等信息，如图 10-3 所示。

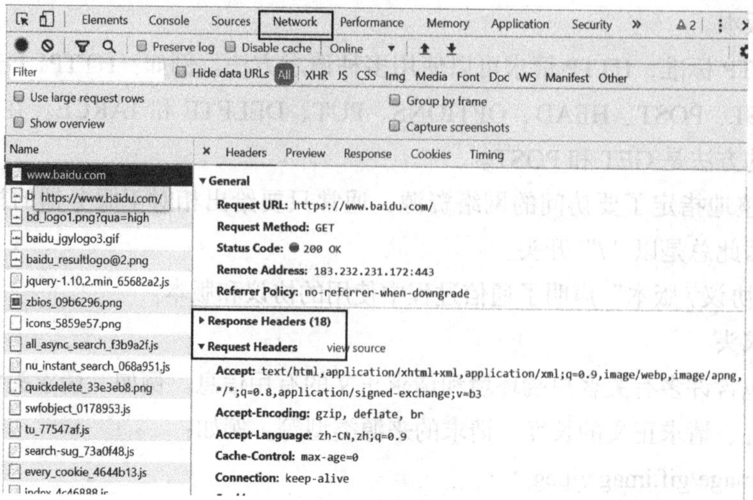

图 10-3　数据流信息

3. HTTP 响应包

服务器收到了客户端发来的 HTTP 请求后，根据 HTTP 请求中的动作要求，服务器将结果回应给客户端，发送的数据包称为 HTTP 响应包。

HTTP 响应包由三部分组成：

➢ 状态行，包括协议 / 版本、状态码、回应短语。
➢ 响应头（Response Header）。
➢ 响应正文。

下面是一个 HTTP 响应包的例子：

HTTP/1.1 200 OK
Server:Apache Tomcat/5.0.12
Date:Mon,6Oct2003 13:23:42 GMT
Content-Length:112
<html>
<head>
<title>HTTP 响应示例 <title>
</head>
<body>
Hello HTTP!
</body>
</html>

（1）状态行

响应包第一行的内容是“协议 / 版本 + 状态码 + 回应短语”。例如 HTTP/1.1 200 OK，表示通信所用的协议是 HTTP1.1，服务器已经成功地处理了客户端发出的请求（200 表示成功）。

HTTP 状态码由 3 位数字构成，其中首位数字定义了状态码的类型。

1XX：信息类，表示收到请求，正在进一步的处理中。

2XX：成功类，表示请求被正确接收、理解和处理。例如 200 OK。

3XX：重定向类，表示把请求访问的 URL 重定向到其他目录。

4XX：客户端错误，表示客户端提交的请求有错误。例如 404 NOT Found，意味着请求中所引用的文档不存在。

5XX：服务器错误，表示服务器不能完成对请求的处理。例如 500。

掌握 HTTP 状态码有助于提高 Web 应用程序调试的效率和准确性。

（2）响应头

响应头和请求头一样包含许多有用的信息，如服务器类型、日期时间、内容类型和长度等。例如：

Server:Apache Tomcat/5.0.12

Date:Mon,6Oct2003 13:13:33 GMT

Content-Type:text/html

Last-Moified:Mon,6 Oct 2003 13:23:42 GMT

Content-Length:112

（3）响应正文

响应头和正文之间也必须用空行分隔。响应正文就是服务器返回的 HTML 页面，通过浏览器解析，成为呈现在用户眼前的网页。例如：

<html>

<head>

<title>HTTP 响应示例 <title>

</head>

<body>

Hello HTTP!

</body>

</html>

10.1.2　HTML 基础

1. HTML 概念

HTML 是超文本标记语言，是用来设计网页的标记语言。通过标记符号来标记要显示的网页中的各个部分。网页文件本身是一种文本文件，通过在文本文件中添加标记符，可以告诉浏览器如何显示其中的内容（如文字如何处理、页面如何安排、图片如何显示等）。这些标记符通常称为“标签”。浏览器按顺序阅读网页文件，然后根据标记符解释和显示其标记的内容。之所以叫作“超文本”，是因为网页内可以包含图片、链接、音乐、程序等非文字元素。

2. HTML 网页结构

一个简单的网页文件 test.html 如下：

【代码 10.1】

```
<html lang="zh-CN">
<head>
    <meta charset="utf-8">
    <title> 网页标题 </title>
    <meta name="keywords" content=" 关键字 " />
    <meta name="description" content=" 此网页描述 " />
</head>
<body>
    网页正文内容
</body>
</html>
```

HTML 网页文件以 .htm 或 .html 为扩展名。标记符 <html>，说明该文件是用 HTML 语言来描述的，它是文件的开头；而 </html> 则表示该文件的结尾。它们是 HTML 文件的开始标记和结尾标记。

HTML 网页一般是由头部和主体两部分组成。头部是以 <head> 开始，以 </head> 结尾。头部中包含页面的标题、序言、说明等内容，它本身不作为内容来显示，但影响网页显示的效果。主体是以 <body> 开始，以 </body> 结尾。主体的内容就是通过浏览器呈现给用户的。

3. HTML 标签

HTML 标签是由一对尖括号包裹的单词构成的，例如 <html> 。所有标签中的单词不可能以数字开头。标签不区分大小写，<html> 和 <HTML> 都可以，推荐使用小写。

标签分为两部分：开始标签 <a> 和结束标签 </a>。两个标签之间的部分称为标签体。

有些标签功能比较简单，使用一个标签即可，这种标签叫作自闭合标签。例如：
、<hr/>、<input/>、<img/> 等。

标签可以嵌套，但是不能交叉嵌套，例如 <a><b></a></b> 是错误的。正确的标签嵌套，例如：

```
<table>
<tr>
<td>row 1, cell 1</td>
<td>row 1, cell 2</td>
</tr>
<tr>
<td>row 2, cell 1</td>
<td>row 2, cell 2</td>
</tr>
</table>
```

标签的尖括号中，标签名后面可以有若干的属性定义，通常是以键值对形式出现的。例如：<img src="img/fenfjing.jpg" width="100" height="100" alt=" 风景 " />。属性只能出现在开始标签或自闭合标签中。

属性名字全部小写，属性值必须使用双引号或单引号括起来。

常用的 HTML 标签见表 10-1。

表 10–1　常用的 HTML 标签

<h1> 到 <h6>	定义 HTML 标题
<p>	定义一个段落
 	换行
<!--...-->	注释
<b>	粗体文本
<strong>	语气更为强烈的强调文本
<u>	下画线文本
<form>	HTML 表单，用于用户输入
<input>	输入控件
<textarea>	多行的文本输入控件
<button>	按钮
<select>	选择列表（下拉列表）
<option>	定义选择列表中的选项
<img>	图像
<a>	链接
<link>	定义文档与外部资源的关系

续表

<ul>	无序列表
<ol>	有序列表
<li>	列表项
<table>	定义一个表格
<tr>	表格中的行
<td>	表格中的列
<style>	文档的样式信息
<div>	文档中的节
<script>	客户端脚本

下面是 HTML 文件，通过浏览器解析之后呈现结果如图 10–4 所示。

【代码 10.2】

```
<html>
<body>
<p> 每个表格由 table 标签开始。</p>
<p> 每个表格行由 tr 标签开始。</p>
<p> 每个表格数据由 td 标签开始。</p>
<h4> 一列 :</h4>
<table border="1">
<tr>
  <td>100</td>
</tr>
</table>

<h4> 一行三列 :</h4>
<table border="1">
<tr>
  <td>100</td>
  <td>200</td>
  <td>300</td>
</tr>
</table>

<h4> 两行三列 :</h4>
<table border="1">
```

```
<tr>
  <td>100</td>
  <td>200</td>
  <td>300</td>
</tr>
<tr>
  <td>400</td>
  <td>500</td>
  <td>600</td>
</tr>
</table>

</body>
</html>
```

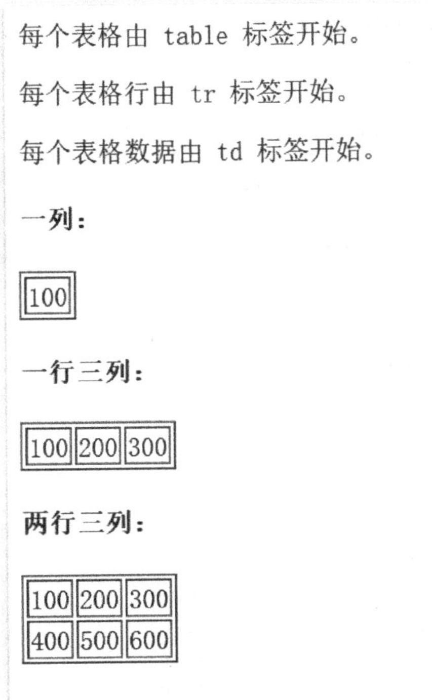

图 10-4　代码 10.2 在浏览器中的呈现结果

10.1.3　网络爬虫

随着大数据时代的来临，在互联网海量的信息数据中，按照目标规则自动高效地获取互联网中的信息并进行整理，用于搜索引擎、数据监测和分析，成为一个重要并且广泛的需求，而“网络爬虫”就是为了解决这些问题而产生的。

网络爬虫又称网络蜘蛛、网络蚂蚁、网络机器人等，就是用计算机语言编写的程序，实现按照既定的规则对万维网信息进行自动化检索。

爬虫程序可以用C、Java、Python等语言来编写，Python有着丰富的爬虫库和框架可以引用。

10.1.4 Requests

Requests库是第三方库，实现自动发送HTTP请求、获得Web服务器响应包，并实现cookies、登录验证、代理设置等操作。

1. Requests 安装

计算机联网状态下，在命令行直接运行pip install requests，即可下载并安装Requests库。也可以在PyCharm中安装，选中相关项目名并单击，在PyCharm菜单“File”中选择“settings”选项，如图10-5所示。

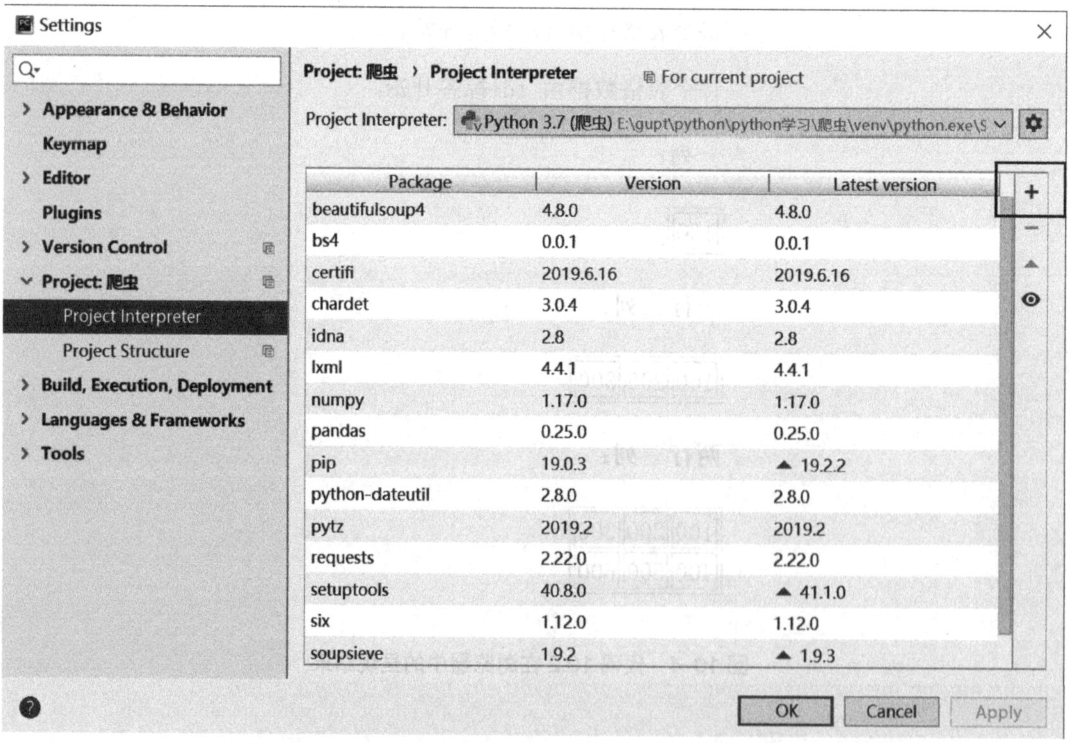

图 10-5　在 PyCharm 中安装 Requests 库的操作 1

单击右上角的“+”按钮，搜索并选中Requests库的相关选项，然后单击“Install Package”按钮，就可下载并安装。

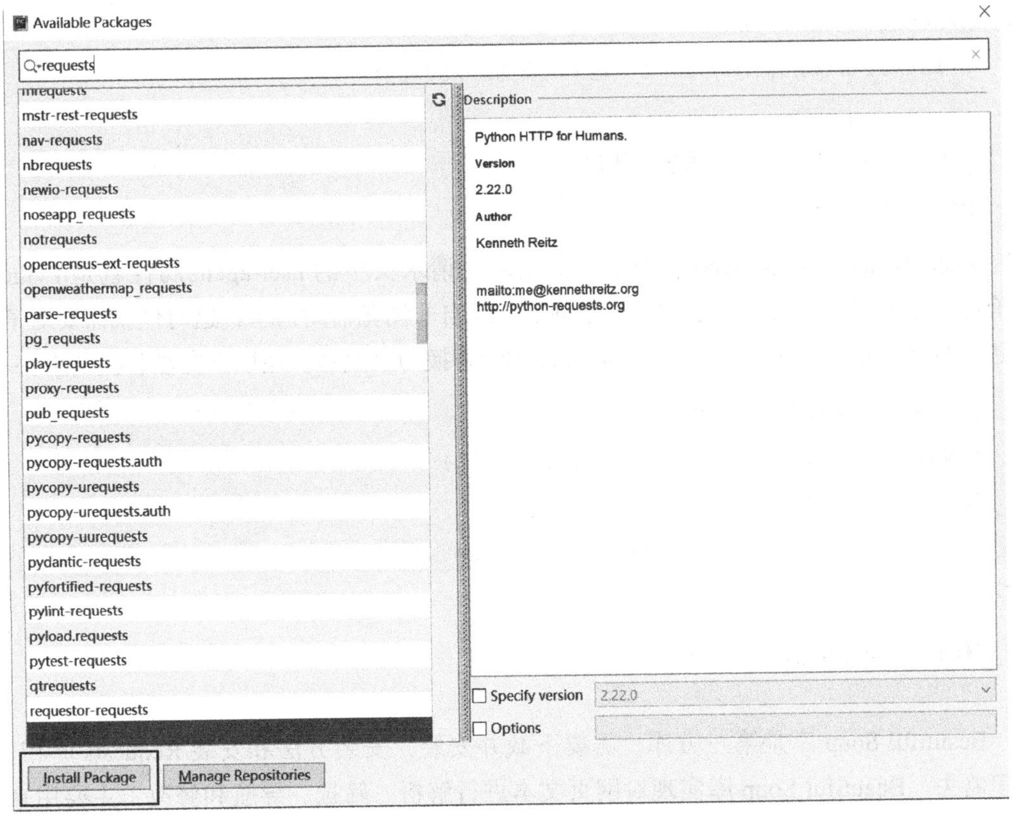

图 10-6　在 PyCharm 中安装 Requests 库的操作 2

2. Requests 库的使用

【代码 10.3】

```
# 导入 Requests 库（模块）
import  requests

# 向某个 URL 发送请求（GET 方法），获得服务器返回的响应对象 res
res = requests.get('https://www.douban.com/')

# 由响应对象的 status_code 属性得到响应状态码
print(res.status_code == requests.codes.ok)    #200

# 由响应对象的 encoding 属性得到编码方式
print(res.encoding)

# 由响应对象的 text 属性得到响应正文，即下载的网页文本
```

```
print(len(res.text))
print(res.text[:250])   # 只输出网页的前 250 字符

# 由响应读写的 headers 属性得到响应头
print(res.headers)
```

通过 Python 程序向 Web 服务器发送请求，请求头中的 user-agent 属性就是 Python。而有些服务器采用了反爬虫技术，会拒绝响应来自非浏览器的请求，这时候就需要对请求头进行替换，将请求头中的 user-agent 属性的值替换为浏览器。用以下方法替换请求头：

```
url = 'https://jd.com'
headers = {'user-agent':'my-app/0.0.1'}

r = requests.get(url, headers=headers)
```

10.1.5 Beautiful Soup

Beautiful Soup 库是第三方库，需要下载并安装，安装方法和安装 Requests 库相似，这里略去。Beautiful Soup 库实现对网页文本进行解析、筛选、导航和修改，主要用来从已经下载的网页文本中提取符合某种特征的信息。

Bcautiful Soup 库支持的主要解析器见表 10-2。

表 10–2　Beautiful Soup 库支持的主要解析器

解析器	使用方法	优势	劣势
Python 标准库	BeautifulSoup(markup, "html.parser")	● Python 的内置标准库 ● 执行速度适中 ● 文档容错能力强	
lxml HTML 解析器	BeautifulSoup(markup, "lxml")	● 速度快 ● 文档容错能力强	
lxml XML 解析器	BeautifulSoup(markup, ["lxml", "xml"]) BeautifulSoup(markup, "xml")	● 速度快 ● 唯一支持 XML 的解析器	
html5lib	BeautifulSoup(markup, "html5lib")	● 最好的容错性 ● 以浏览器的方式解析文档 ● 生成 HTML5 格式的文档	● 速度慢 ● 不依赖外部扩展

让我们通过实例来学习 Beautiful Soup 库的基本使用方法。

Beautiful Soup 库将复杂 HTML 文档转换成一个复杂的树形结构，每个节点是一个 Python 对象（对应一个 HTML 标签）。通过节点对象可以获取 HTML 标签的内容；每个节点常用的属性有 name、attrs、string，分别获取标签的名称、属性、标签体内容。但是，它查找的只能是在所有内容中第一个符合要求的标签。例如：

【代码 10.4】

```
from bs4 import BeautifulSoup

html_doc = """
<title>The Dormouse's story</title>
<a class="sister" href="http://example.com/elsie" id="link1">Elsie</a>
"""

soup = BeautifulSoup(html_doc, "lxml") # 选择 lxml 作为解析器
print('获得标签 :')
print(soup.title)
print(soup.a)

print('获得标签的 name、attrs 和 string: ')

print(soup.title.name)
print(soup.title.attrs)
print(soup.title.string)
print(soup.a.name)
print(soup.a.attrs)
print(soup.a.string)
```

运行结果：

```
获得标签：
<title>The Dormouse's story</title>
<a class="sister" href="http://example.com/elsie" id="link1">Elsie</a>
获得标签的 name、attrs 和 string:
title
{}
The Dormouse's story
a
{'class': ['sister'], 'href':'http://example.com/elsie', 'id':'link1'}
Elsie
```

Beautiful Soup 库有两个常用函数：find()，用来查找第一个符合要求的标签；find_

all()，用来查找所有符合要求的标签。注意，find() 函数返回的是一个标签字符串，find_all() 函数返回的是一个列表。例如：

【代码 10.5】

```
html_doc = """
<html><head><title>The Dormouse's story</title></head>
<body>
<p class="title"><b>The Dormouse's story</b></p>

<p class="story">Once upon a time there were three little sisters; and their names were
<a href="http://example.com/elsie" class="sister" id="link1">Elsie</a>,
<a href="http://example.com/lacie" class="sister" id="link2">Lacie</a> and
<a href="http://example.com/tillie" class="sister" id="link3">Tillie</a>;

and they lived at the bottom of a well.</p>

<p class="story">...</p>
"""

from bs4 import BeautifulSoup
soup = BeautifulSoup(html_doc, "lxml") # 选择 lxml 作为解析器

print('按标签名称查询')
print(soup.find('a'))
print(soup.find_all('a'))
print()

print('按标签 id 查询')
print(soup.find_all(id='link1'))
print()

print('按标签体文本查询')
print(soup.find_all('a',string='Lacie'))

print('按标签属性通过 attrs 参数查询')
```

```
print(soup.find_all(attrs={'id':'link1'}))
print('------------------------')
print(soup.find_all(attrs={'class':'sister'}))
print('------------------------')
print(soup.find('p',attrs={'class':'story'}))
print('------------------------')
print(soup.find(attrs={'class':'story'}).find('a',string='Elsie'))
print()

print('对任意标签，用text属性或者调用get_text()函数，就可以获得标签体文本')
print(soup.find('p',attrs={'class':'story'}).text)
print('------------------------')
print(soup.find('p',attrs={'class':'story'}).get_text())
```

运行结果：

```
按标签名称查询
<a class="sister" href="http://example.com/elsie" id="link1">Elsie</a>
[<a class="sister" href="http://example.com/elsie" id="link1">Elsie</a>,
<a class="sister"
        href="http://example.com/lacie" id="link2">Lacie</a>, <a
class="sister"
      href="http://example.com/tillie" id="link3">Tillie</a>]

按标签id查询
[<a class="sister" href="http://example.com/elsie" id="link1">Elsie</a>]

按标签体文本查询
[<a class="sister" href="http://example.com/lacie" id="link2">Lacie</a>]
按标签属性通过attrs参数查询
[<a class="sister" href="http://example.com/elsie" id="link1">Elsie</a>]
------------------------
[<a class="sister" href="http://example.com/elsie" id="link1">Elsie</a>,
<a class="sister"
        href="http://example.com/lacie" id="link2">Lacie</a>, <a
class="sister"
      href="http://example.com/tillie" id="link3">Tillie</a>]
```

```
-------------------------
<p class="story">Once upon a time there were three little sisters; and
their names were
<a class="sister" href="http://example.com/elsie" id="link1">Elsie</a>,
<a class="sister" href="http://example.com/lacie" id="link2">Lacie</a> and
<a class="sister" href="http://example.com/tillie" id="link3">Tillie</a>;

and they lived at the bottom of a well.</p>
-------------------------
<a class="sister" href="http://example.com/elsie" id="link1">Elsie</a>

对任意标签，用text属性或者调用get_text()函数，就可以获得标签体文本
Once upon a time there were three little sisters; and their names were
Elsie,
Lacie and
Tillie;

and they lived at the bottom of a well.
-------------------------
Once upon a time there were three little sisters; and their names were
Elsie,
Lacie and
Tillie;

and they lived at the bottom of a well.
```

10.2 爬虫实例

需求：用 Request+Beautiful Soup 库，在京东网站爬取以下信息：

- 某一台电脑 ID、价格、名称。
- 某一个网页所有电脑 ID、价格、名称，存入 csv 文件。
- 翻页爬取多个网页的电脑 ID、价格、名称，存入 csv 文件。

10.2.1　分　　析

在 Chrome 浏览器中打开京东主页（www.jd com），然后在搜索框中输入“电脑”，如图 10-7 所示。

图 10-7　爬虫案例目标网站页面 1

此时浏览器地址栏中的内容就是发出请求的 URL（见图 10-8）：“https://search.jd.com/Search?keyword=%E7%94%B5%E8%84%91&enc=utf-8&suggest=1.def.0.V19--12s0,20s0,38s0&wq=diann&pvid=5cccbeda4e7b48138a3eabddda96b0c5”。

选择其中一台电脑并选择右键菜单中的“检查”选项，随即进入“开发者模式”页面，如图 10-9 所示。

图 10-8　爬虫案例目标网站页面 2

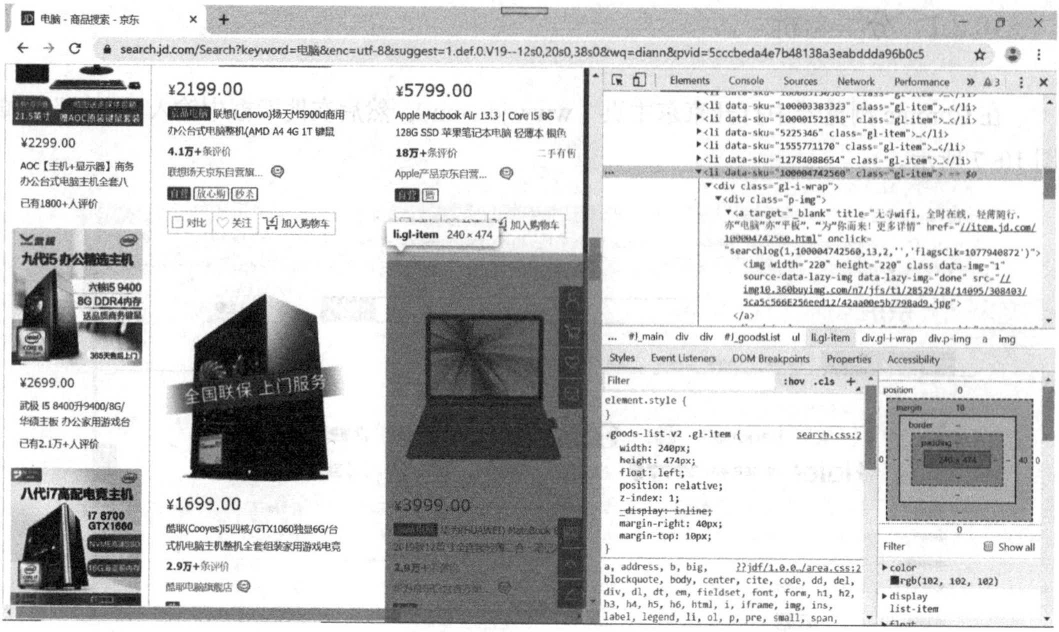

图 10-9　爬虫案例目标网站 –“开发者模式”页面

如图 10-10 所示，当选中一个 Li 标签时，页面会将水印指定到这台电脑上，如果选择下一个 Li 标签，页面会将水印指定到下一台电脑上，以此类推。

因此可以得出，在此页面中每一台电脑的数据都在 <li class= “gl-item” >标签中。

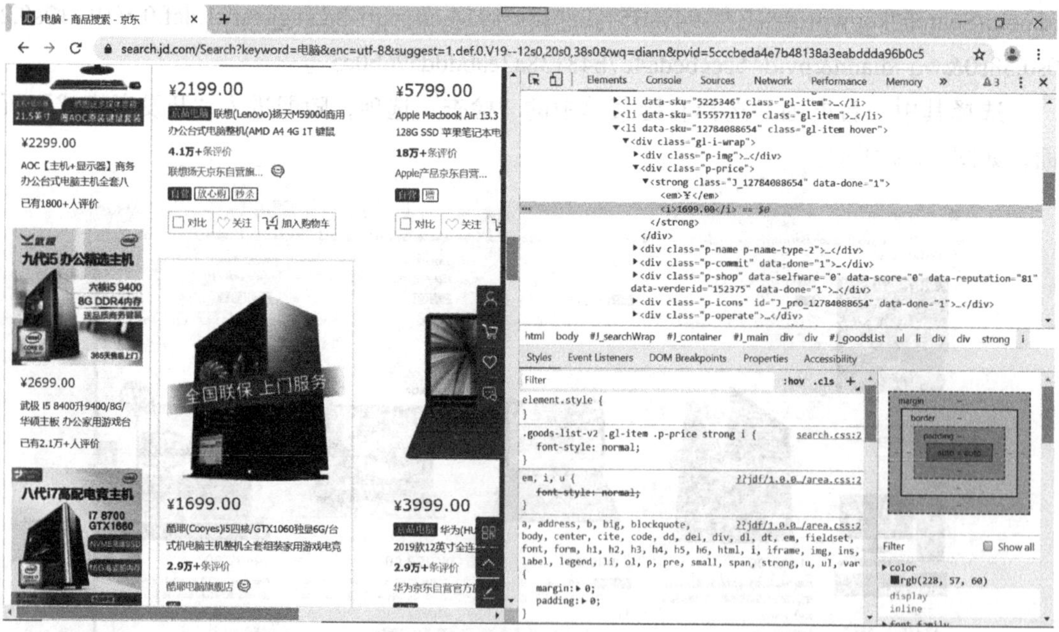

图 10-10　爬虫案例目标网站 –“开发者模式”操作 1

在网页中，右击一台电脑的价格，在右键菜单选择“检查”选项，进入“开发者模式”页面。

如图 10-11 所示，可以看到一台电脑的信息所在的标签是 <li>，class 属性为“gl-item”，其中 data-sku 属性的值是一台电脑的 ID 值；一台电脑的价格所在的标签是 <div class= “p-price” >，在 <i> 标签内的文本就是一台电脑的价格。一台电脑的名称所在的标签是：<div class= “p-name p-name-type-2” >，在 <em> 标签内的文本就是一台电脑的名称。

```
▼<li data-sku="12784088654" class="gl-item">
  ▼<div class="gl-i-wrap">
    ▶<div class="p-img">…</div>
    ▼<div class="p-price">
      ▼<strong class="J_12784088654" data-done="1">
          <em>¥</em>
          <i>1699.00</i> == $0
        </strong>
      </div>
    ▶<div class="p-name p-name-type-2">…</div>
    ▶<div class="p-commit" data-done="1">…</div>
    ▶<div class="p-shop" data-selfware="0" data-score="0" data-re
    data-verderid="152375" data-done="1">…</div>
    ▶<div class="p-icons" id="J_pro_12784088654" data-done="1">…
```

图 10-11　爬虫案例目标网站 - “开发者模式”操作 2

10.2.2　下载网页

在 Chrome 浏览器中打开京东主页（www.jd.com），然后在搜索框中输入“电脑”。

此时浏览器地址栏中的内容就是发出请求的 URL：“https://search.jd.com/Search?keyword=%E7%94%B5%E8%84%91&enc=utf-8&suggest=1.def.0.V19--12s0,20s0,38s0&wq=diann&pvid=5cccbeda4e7b48138a3eabddda96b0c5”。

用 Requests 库来发送请求，下载得到网页文本：

【代码 10.6】

```
import requests

url='https://search.jd.com/Search?keyword=%E7%94%B5%E8%84%91&enc=utf-8&suggest=1.
def.0.V19--12s0,20s0,38s0&wq=diann&pvid=5cccbeda4e7b48138a3eabddda96b0c5'

# 向 URL 发送请求，获得响应对象 response
response = requests.get(url)
print(response.status_code)     # 打印响应状态码
if response.status_code == 200:        # 如果响应状态码为 200，说明下载正常
    print(response.content)       # 打印下载的网页内容
else:
    print('下载失败！')
```

运行结果：

```
200
b"<script>window.location.href='https://passport.jd.com/uc/login'</script>"

Process finished with exit code 0
```

运行结果没有得到下载的网页内容，而是得到一个转向登录页面的链接。

这里，网站服务器运用了一种反爬虫技术，如果发送的请求不是由浏览器发出的，而是由某种编程工具发出的，网站将转向登录页面。我们用 Requests 库向服务器发送请求，在请求头中 'User-Agent' 的值就是 Python-requests，由此，需要将请求头替换，才可以获得下载页面。

现在从浏览器向服务器发送请求，然后获得请求头，用这个请求头替换代码 10-6 中第 8 行，用 Requests 发送请求的请求头内容。

按照 10.1.4 小节介绍的方法，在浏览器中向代码 10-6 中第 3 行的 URL 发送请求，并获得请求头中 'User-Agent' 的值，改写代码如下：

【代码 10.7】

```
import requests

URL='https://search.jd.com/Search?keyword=%E7%94%B5%E8%84%91&enc=utf-8&suggest=1.
def.0.V19--12s0,20s0,38s0&wq=diann&pvid=5cccbeda4e7b48138a3eabddda96b0c5'

# 获得从浏览器向 URL 发送请求的请求头中的 user-agent 的值，构成一个字典 head_info
head_info = {'user-agent': 'Mozilla/5.0 (Windows NT 10.0; Win64; x64)
AppleWebKit/537.36 (KHTML, like Gecko) Chrome/76.0.3809.100 Safari/537.36'}

# 用 requests 向 URL 发送请求，并设置请求头
response = requests.get(url,headers=head_info)
print(response.status_code)
if response.status_code == 200:
    print(response.content)
else:
    print('下载失败！')
```

运行结果：会得到下载网页的文本（这里略去）。

10.2.3 解析数据

将通过代码 10.7 下载的网页文本，用 Beautiful Soup 库进行解析，取得所有电脑的

ID、名称、价格，并写入 csv 文件（将下载网页文本和网页解析分别写入两个函数）。

注：用 LXML 解析器，需要先安装 LXML。

【代码 10.8】

```
import requests
import csv
from bs4 import BeautifulSoup

def download(url, header_info):
    print("download", url)
    response = requests.get(url, headers=header_info)
    #print(response.status_code)
    if response.status_code == 200:
        #print(response.content)
        return response.content
    return None

def get_Computer_info(url, header_info):
    html_info = download(url, header_info)

    page = BeautifulSoup(html_info, "lxml")
    # 取得所有电脑的信息列表
    all_items = page.find_all('li', attrs={'class':'gl-item'})

    with open("Computers.csv", 'w' ,newline='') as f:
        writer = csv.writer(f)
        fields = ('ID', '名称', '价格')
        writer.writerow(fields)

        for computer in all_items:  # 对每台电脑，分别取得 ID、名称、价格
            Computer_id = computer["data-sku"]
            print("电脑 ID 为",Computer_id)

            Computer_name = computer.find('div',
                        attrs={'class':'p-name p-name-type-2'}).find('em').text
            print("电脑的名称为",Computer_name)
```

```

            Computer_price = computer.find('div', attrs={'class':'p-price'}).
                find('i').text
            print("电脑的价格为",Computer_price,"元")

            row = []
            row.append(Computer_id)
            # 电脑名称中可能包含一些特殊字符，不能编码为 gbk
            # 这里将这种字符忽略掉，不然写入文件会出错
            row.append(Computer_name.encode("gbk", 'ignore').decode("gbk",
                "ignore"))
            row.append(Computer_price + "元")
            writer.writerow(row)

def main():
    headers_info = {
        'User-agent':'Mozilla/5.0 (Windows NT 10.0; Win64; x64) AppleWebKit/537.36
(KHTML, like Gecko) Chrome/76.0.3809.100 Safari/537.36'
    }
    URL = "https://search.jd.com/Search?keyword=%E7%94%B5%E8%84%91&enc
                =utf-8&suggest=1.def.0.V19—
                12s0,20s0,38s0&wq=diann&pvid=5cccbeda4e7b48138a3eabddda96b0c5
          "

    get_Computer_info(URL, headers_info)

if __name__ == '__main__':
    main()
```

10.2.4 翻页爬取

在通过代码 10.7 下载的网页中，单击“下一页”按钮，浏览器地址栏中的网址为：

https://search.jd.com/Search?keyword=%E7%94%B5%E8%84%91&enc=utf-8&qrst=1&rt=1&stop=1&vt=2&suggest=1.def.0.V19--12s0%2C20s0%2C38s0&wq=diann&page=3&s=57&click=0

再次单击“下一页”按钮，发现浏览器地址栏中的网址变化的规律是：字符串中的“page=”后面的数字依次是3、5、7、9-……。由此，要爬取连续的多页内容，请求的网址字符串中“page”的值循环递增2。

爬取前5页，代码如下：

【代码10.9】

```
import requests
import csv
from bs4 import BeautifulSoup

def download(url, header_info):
    #print("download", url)
    response = requests.get(url, headers=header_info)
    #print(response.status_code)
    if response.status_code == 200:
        #print(response.content)
        return response.content
    return None

def write_to_csv(csv_name,computer_list):
    with open(csv_name, 'a',newline='') as f:
        writer = csv.writer(f)
        fields = ('ID', '名称', '价格')
        writer.writerow(fields)
        writer.writerows(computer_list)

def get_Computer_info(url, header_info):
    html_info = download(url, header_info)

    page = BeautifulSoup(html_info, "lxml")
    #取得所有电脑的信息列表
    all_items = page.find_all('li', attrs={'class':'gl-item'})

    computer_list = []
    for computer in all_items:  #对每台电脑，分别取得ID、名称、价格
        Computer_id = computer["data-sku"]
```

```
            #print("电脑ID为",Computer_id)

            Computer_name = computer.find('div',
                                attrs={'class':'p-name p-name-type-2'}).find('em').text
            #print("电脑的名称为",Computer_name)

            Computer_price = computer.find('div', attrs={'class':'p-price'}).
                find('i').text
            #print("电脑的价格为",Computer_price,"元")

            row = []
            row.append(Computer_id)
            #电脑名称中可能包含一些特殊字符，不能编码为gbk,
            #这里将这种字符忽略掉，不然写入文件会出错
            row.append(Computer_name.encode("gbk", 'ignore').decode("gbk", "ignore"))
            row.append(Computer_price + "元")
            computer_list.append(row)

    return computer_list


def main():

    headers_info = {
        'User-agent':'Mozilla/5.0 (Windows NT 10.0; Win64; x64) AppleWebKit/537.36
        (KHTML, like Gecko) Chrome/76.0.3809.100 Safari/537.36'
    }
    computers_multi_pages=[]
    for page in range(1,11,2):
        print(page)
        URL = "https://search.jd.com/Search?keyword=%E7%94%B5%E8%84%91&enc=utf-
                8&qrst=1&rt=1&stop=1&vt=2&suggest=1.def.0.V19—
                12s0%2C20s0%2C38s0&wq=diann&"\
                + "page="+str(page)+"&s=57&click=0"

```

```
        computers_multi_pages.extend(get_Computer_info(URL, headers_info))
    write_to_csv('computer_multi_pages.csv',computers_multi_pages)

if __name__ == '__main__':
main()
```

运行结果：爬取前5页的电脑数据（ID、名称、价格），存入磁盘文件computer_multi_pages.csv。拓展需求：爬取前50页中价格在3000元到5000元之间的电脑数据（ID、名称、价格），存入磁盘文件computer_3000_5000.csv。

10.3 拓展方向

1. 自行整理和全面学习Requests库和Beautiful Soup库的使用方法。
2. 了解其他爬虫库的使用方法和特点。
3. 学习网页前端技术，实现更复杂的爬虫程序。

第 11 章 人脸识别

人脸识别，是基于人的脸部特征信息进行身份识别的一种生物识别技术，涉及人脸识别深度学习、视觉处理等算法的实现。

本章利用 face_recognition 模块，实现人脸面部特征、边界识别及既定人物识别。

11.1 相关模块的安装

Dlib 是一个包含机器学习算法的 C++ 开源工具包，可以帮助创建很多复杂的机器学习方面的软件，同时支持大量的数值算法，如矩阵、大整数、随机数运算等。目前，Dlib 已经被广泛应用在许多行业和学术领域，包括机器人、嵌入式设备、移动电话和大型高性能计算环境等。

在本章中，Dlib 模块与 Face_recognition 模块之间属于间接依赖，为 Face_recognition 模块提供支撑，需要在 Face_recognition 模块之前安装。

因为当前 Dlib 模块的官方网站没有给出可以直接安装的最新版本，在 PyCharm 中安装，可能会失败。对于 Dlib 模块，可以下载安装包然后再进行安装。

①下载 Dlib 离线安装包。

②使用 pip 命令进行离线安装。

1. 下载 Dlib 模块

在 pypi 的官网（https://pypi.org/simple/dlib/）下载 Dlib 安装包。pypi 官网中 Dlib 模块文件列表（截图）如图 11-1 所示。

Links for dlib

dlib-18.17.100-cp27-none-win32.whl
dlib-18.17.100-cp27-none-win_amd64.whl
dlib-18.17.100-cp34-none-win32.whl
dlib-18.17.100-cp34-none-win_amd64.whl
dlib-18.17.100-cp35-none-win32.whl
dlib-18.17.100-cp35-none-win_amd64.whl
dlib-18.17.100.zip
dlib-19.0.0.tar.gz
dlib-19.1.0-cp35-cp35m-win_amd64.whl
dlib-19.1.0.tar.gz
dlib-19.3.1-cp35-cp35m-win_amd64.whl
dlib-19.3.1.tar.gz
dlib-19.4.0-cp35-cp35m-win_amd64.whl
dlib-19.4.0.tar.gz
dlib-19.5.0.tar.gz
dlib-19.5.1-cp36-cp36m-win_amd64.whl
dlib-19.5.1.tar.gz
dlib-19.6.0-cp36-cp36m-win_amd64.whl
dlib-19.6.0.tar.gz
dlib-19.6.1-cp36-cp36m-win_amd64.whl
dlib-19.6.1.tar.gz
dlib-19.7.0-cp36-cp36m-win_amd64.whl
dlib-19.7.0.tar.gz
dlib-19.8.0.tar.gz
dlib-19.8.1-cp36-cp36m-win_amd64.whl
dlib-19.8.1.tar.gz
dlib-19.8.2.tar.gz
dlib-19.9.0.tar.gz
dlib-19.10.0.tar.gz
dlib-19.12.0.tar.gz

图 11-1　pypi 官网中 Dlib 模块文件列表（截图）

在 Dlib 模块文件列表中可以找到支持 Python 2.0、Python 3.0 版本的安装包。比如，dlib-19.8.1-cp36-cp36m-win_amd64.whl，这是支持 Python 3.6、Windows64 位操作系统的 Dlib19.8.1 版本。

2. 安装 Dlib 模块

安装时，请注意：

① Dlib 模块的安装包要和 Python 解释器版本相对应，否则安装时可能出错。

②如果用的 IDE 是 PyCharm2019 及更高版本的话，要注意当前项目的编译环境设定的是 pipenv 还是当前项目的虚拟目录 virtualenv，安装位置会不同。如果是 pipenv，就安装在公共目录下；如果是本项目的虚拟目录，virtualenv 就安装在本项目的虚拟目录下。

假设，当前项目路径是 E:\pytest，将下载的 Dlib 安装文件 dlib-19.8.1-cp36-cp36m-win_amd64.whl 存储在 E:\pytest。在 Windows 操作系统运行 cmd 进入命令行界面。

如果当前项目的编译环境是 pipenv，比如 e:\Python 36，那么在命令行运行：

cd：\ E:\Python 36\Scripts

pip install e:\pytest\dlib-19.8.1-cp36-cp36m-win_amd64.whl

成功安装之后，会出现如图 11-2 所示信息

```
E:\Python3.0\Scripts>pip install  dlib-19.8.1-cp3.0-cp3.0m-win_amd64.wl
Processing e:\python3.0\scripts\dlib-19.8.1-cp3.0-cp3.0m-win_amd64.whl
Installing collected packages: dlib
Successfully installed dlib-19.8.1
```

图 11-2　Dlib 模块安装成功后的显示信息

如果当前项目的编译路径是本项目的虚拟目录 virtualenv，就进入 E:\pytest\venv\Python.exe\Scripts，在此目录下有 pip 命令，运行如下命令：

```
cd E:\pytest\venv\Python.exe\Scripts
pip install e:\pytest\dlib-19.8.1-cp36-cp36m-win_amd64.whl
```

注意，案例中 Dlib 安装包存储在 E:\pytest 录下，请自行替换为安装包实际放置的路径。

3. Face_recognition 模块的下载与安装

Face_recognition 模块是一个人脸识别库，直接依赖 Dlib 模块。该模块使用 Dlib 模块中先进的人脸识别深度学习算法，使得识别准确率在“Label Faces in the world”测试基准下达到了 99.38%。本章中直接提供人脸识别功能。安装 Face_recognition 模块时，会连带安装 Face_recognition_models 模块等其他有依赖的模块，Face_recognition_models 模块提供人脸识别的模型文件。

Face_recognition 模块的下载与安装，按照一般模块下载与安装方法进行。如果使用 PyCharm 做 IDE 的话，推荐在 PyCharm 中下载并安装。

选中当前项目，单击 PyCharm 菜单“File”→“settings”选项，如图 11-3 所示。

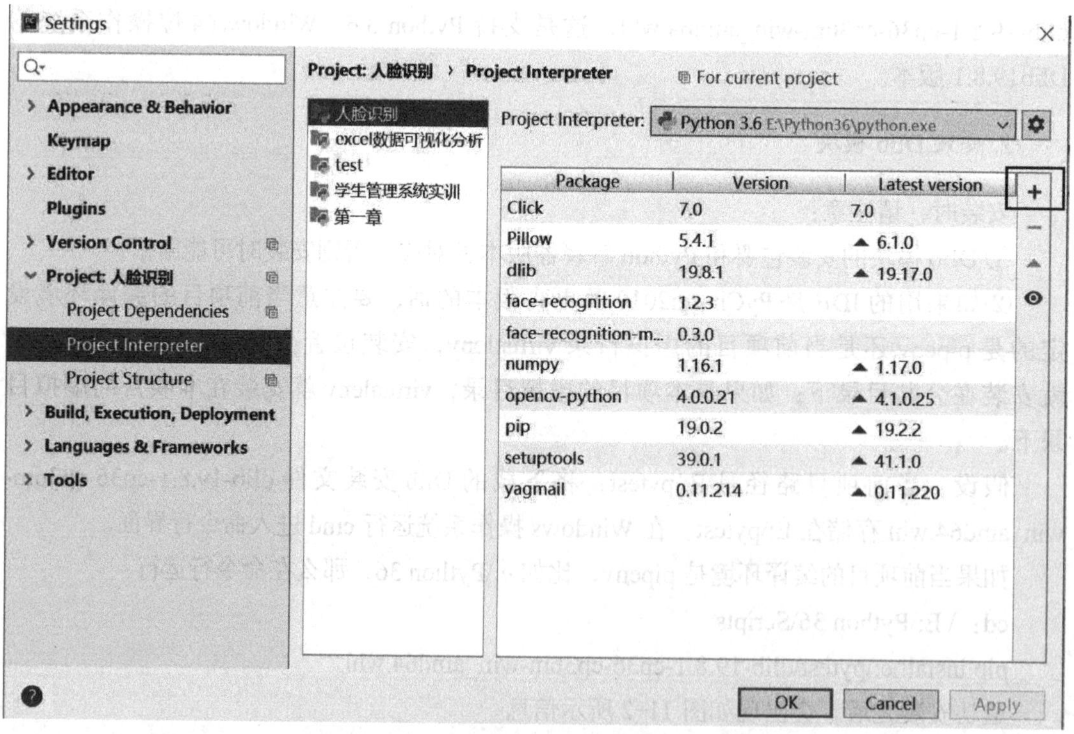

图 11-3　PyCharm 下安装 Face_recognition 模块步骤 1

单击右上角“+”按钮，单击左下角“Install Package”按钮，等待下载与安装完成，如图 11-4 所示。

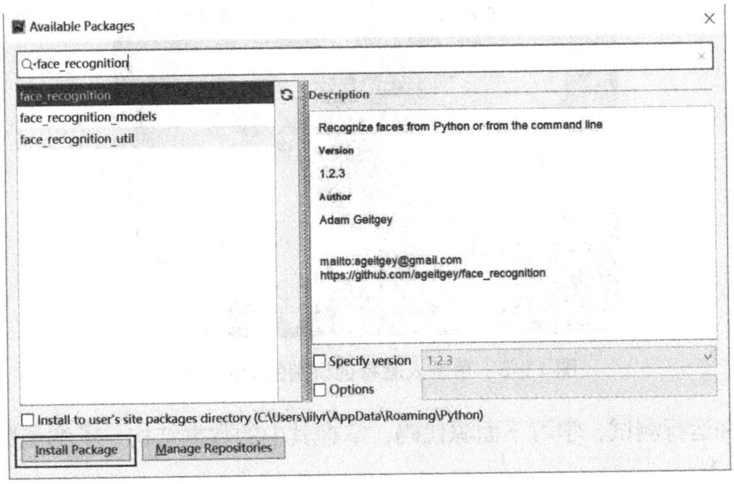

图 11-4　PyCharm 下安装 Face_recognition 模块步骤 2

4. Opencv 模块的下载与安装

Opencv 模块是计算机视觉模块，封装了大量的视觉处理算法，提供调用摄像头采集数据并显示图片的功能。

Opencv 支持 Python 的模块名为 opencv_Python，按照一般模块的下载与安装方法进行安装。

Opencv 模块不支持中文输出，如果需要输出中文，需要下载并安装中文字体库。可在官网 http://www.font5.com.cn/ 中选择字体，下载对应的字体文件（.ttf 文件）。将下载的 ttf 字体文件存储在当前项目路径下。

5. Pillow 模块的下载安装

PIL（Python Image Library）模块提供了基本的图像处理功能，如改变图像大小、旋转图像、图像格式转换、色场空间转换、图像增强、直方图处理、插值和滤波等，是 Python 平台事实上的图像处理标准库。PIL 是第三方库，需要下载并安装。请注意，在 Python 3.x 平台下，安装 PIL 模块，用的模块名是 Pillow。PIL 模块可以在 PyCharm 中直接安装。

11.2 人脸识别相关案例

11.2.1　识别人脸特征

需求：一张有多个人脸的图片，要求识别出每张人脸，并画出每张人脸中的主要特征。准备一张有多个人脸的图片 1.jpg，存储在当前项目文件夹中。

图 11-5　用于人脸特征识别的图片 1.jpg

结合注释和运行测试，学习下面源代码，掌握其中的数据结构，了解函数参数的含义。

【代码 11.1】

```
# 自动识别人脸特征
from PIL import Image, ImageDraw
import face_recognition

# 将 jpg 文件加载到 numpy 数组中
image = face_recognition.load_image_file("1.jpg")

# 给定图像，返回列表，
# 列表中包含图像中每个面部的面部特征位置（眼睛，鼻子等）的字典
face_landmarks_list = face_recognition.face_landmarks(image)

# 准备在图片上画出特征线
pil_image = Image.fromarray(image)
d = ImageDraw.Draw(pil_image)

# 列表 face_landmarks_list 的长度，是识别出的人脸的个数
print("在这张照片中，我发现了 {} 张脸".format(len(face_landmarks_list)))

#face_landmarks 是包含图像中每个面部的面部特征位置（眼睛，鼻子等）的字典
for face_landmarks in face_landmarks_list:
    # 此图像中每个面部特征的位置，是字典中的"键"
    facial_features = [
        'chin',
        'left_eyebrow',
```

```
            'right_eyebrow',
            'nose_bridge',
            'nose_tip',
            'left_eye',
            'right_eye',
            'top_lip',
            'bottom_lip'
    ]
    #字典的"值",是"键"代表的位置的坐标列表
    for facial_feature in facial_features:
        print("脸上的{}有这些点：{}".format(facial_feature,
                face_landmarks[facial_feature]))

    #在图像中描绘出每个人脸特征!
    for facial_feature in facial_features:
        d.line(face_landmarks[facial_feature], width=5)   #将每个部位的若干个点连成线

#将连成所有人脸特征线的图片呈现出来
pil_image.show()
```

运行结果：

```
在这张照片中，我发现了 2 张脸
脸上的chin有这些点：[(57,114),(52,129),(50,147),(52,167),(56,184),(61,200),(66,216),(70,231),(81,239),(99,242),(123,238),(149,231),(174,219),(193,201),(202,178),(206,152),(209,126)]
脸上的left_eyebrow有这些点：[(50,91),(53,88),(59,90),(66,97),(71,103)]
脸上的right_eyebrow有这些点：[(89,104),(106,102),(124,103),(141,108),(156,116)]
脸上的nose_bridge有这些点：[(78,117),(72,131),(65,144),(58,158)]
脸上的nose_tip有这些点：[(57,164),(61,169),(68,172),(76,171),(86,170)]
脸上的left_eye有这些点：[(59,107),(62,104),(69,107),(74,114),(67,114),(61,113)]
脸上的right_eye有这些点：[(109,121),(115,117),(124,120),(133,125),(123,127),(114,126)]
脸上的top_lip有这些点：[(68,190),(66,187),(68,185),(71,188),(78,187),(92,192),
```

```
(108,200),(103,198),(79,193),(72,192),(68,191),(70,191)]
    脸上的bottom_lip有这些点:[(108,200),(94,205),(81,206),(74,205),(69,202),
(67,197),(68,190),(70,191),(69,191),(73,194),(80,195),(103,198)]
    ……
    脸上的chin有这些点:[(317,167),(319,182),(325,199),(334,215),(346,231),
(358,246),(369,262),(383,274),(403,272),(426,263),(448,249),(468,232),
(484,212),(490,186),(488,159),(482,132),(475,107)]
    脸上的left_eyebrow有这些点:[(307,137),(304,123),(311,113),(322,109),
(334,109)]
    脸上的right_eyebrow有这些点:[(357,94),(373,81),(392,73),(413,74),(429,86)]
    脸上的nose_bridge有这些点:[(349,122),(349,136),(348,149),(348,163)]
    脸上的nose_tip有这些点:[(349,181),(356,181),(365,180),(373,175),(382,170)]
    脸上的left_eye有这些点:[(322,148),(325,138),(334,132),(345,135),(338,141),
(329,146)]
    脸上的right_eye有这些点:[(382,118),(390,107),(401,102),(412,105),(405,111),
(394,115)]
    脸上的top_lip有这些点:[(352,212),(357,202),(365,196),(373,194),(381,190),
(401,187),(424,186),(419,189),(384,197),(376,200),(368,203),(356,210)]
    脸上的bottom_lip有这些点:[(424,186),(409,203),(393,213),(384,217),(375,220),
(364,219),(352,212),(356,210),(370,210),(379,207),(387,203),(419,189)]
    ……
```

人脸特征识别的输出图片如图 11-6 所示。

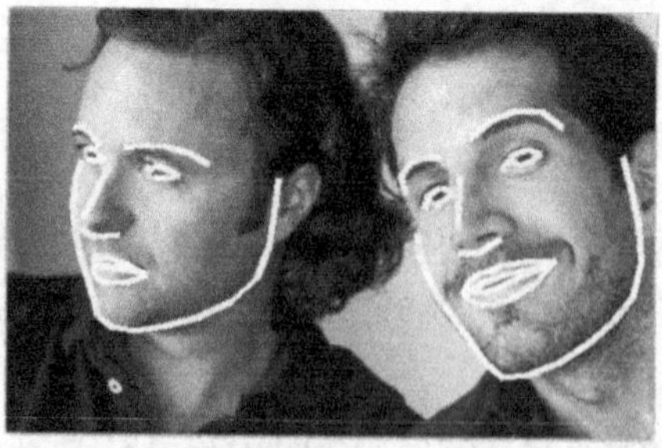

图 11-6　人脸特征识别的输出图片

11.2.2　识别人脸边界

1. 从多个人脸的图片中识别每个人脸的边界

需求：一张有多个人脸的图片，要求识别出每个人脸的边界，并截取每个人脸。

准备一张有多个人脸的图片 1.jpg（见图 11-5），存储在当前项目文件夹中。

结合注释和运行测试，学习下面源码，掌握其中的数据结构，了解函数参数的含义。

【代码 11.2】

```
#  识别人脸边界

from PIL import Image
import face_recognition

# 将 jpg 文件加载到 numpy 数组中
image = face_recognition.load_image_file("1.jpg")

# 返回图像中人脸边界框的数组，采用 CNN 模型
#face_locations 包含多个人脸的边界坐标
face_locations = face_recognition.face_locations(image, number_of_times_to_upsample=0,
                 model="cnn")

# face_locations 的长度，就是识别出的人脸个数
print("I found {} face(s) in this photograph.".format(len(face_locations)))

# 循环找到的所有人脸，并一一呈现出来
for face_location in face_locations:
        # 打印每张脸的位置信息
        top, right, bottom, left = face_location
        print("一张人脸的像素位置 Top:{}, Left:{}, Bottom:{}, Right:{}".
            format(top, left, bottom, right))
        # 按照一张人脸的位置信息，截取一张人脸
        face_image = image[top:bottom, left:right]
        pil_image = Image.fromarray(face_image)
        pil_image.show()  #呈现出一张人脸
```

运行结果：

```
在这张照片中，我发现了 2 张脸
一张人脸的像素位置 Top:48, Left:1, Bottom:245, Right:198
一张人脸的像素位置 Top:48, Left:260, Bottom:245, Right:456
```

人脸边界识别的输出图片如图 11-7 所示。

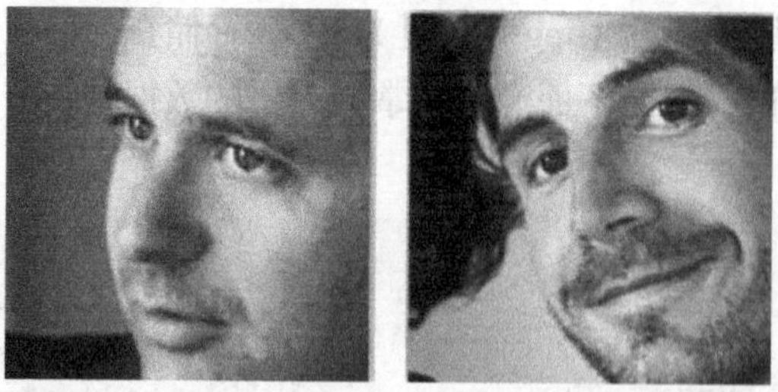

图 11-7　人脸边界识别的输出图片

2. 识别图片中的既定人物

需求：将若干既定人脸的图片放入文件夹中，以人物的姓名分别命名每个图片文件。在一张多人脸的图片中识别所有既定图片文件夹中存在的人物，并在图片中分别标注每个人物的姓名，不属于既定人物的人脸标注“Unknown”。

例如：将图 11-8 所示图片放入当前项目的子文件夹 photos 中，作为一个既定人物，文件名为“比尔 · 盖茨 .jpg”。

图 11-8　用于人脸识别的特定人物图片—比尔 · 盖茨 .jpg

将一张要识别的图片（见图 11-9）放入当前项目文件夹中，文件名为“外国人 .jpg”。

图 11-9　用于识别特定人物的图片例

请学习以下参考代码，借助注释、输出中间结果、运行测试，或者网络搜索相关文档，了解代码中相关模块的使用方法、函数的调用接口。

【代码 11.3】

```
# 多个特定人脸图片放在一个文件夹 sample_dir 中，一起生成特征数据数组和姓名数组
```

```
#用于后续在图片中识别这些特定人脸
#本案例中，每张特定人脸图片只一个人脸

def load_img(sample_dir):
    print('loading sample face…')
    facelib = []                        #每个人脸的特征数据数组
    filenamelib = []            #每个人脸的文件名 - 这里用姓名做文件名

    #遍历目录中每个文件，包括所有子目录
    #dirpath 目录名，dirnames 是 dirpath 目录下的子目录名
    #filenames 是 dirpath 目录下的文件名
    for (dirpath, dirnames, filenames) in os.walk(sample_dir):
        #print(dirpath, dirnames, filenames)  #测试
        for filename in filenames:
            #将目录名和文件名构成完整文件名路径
            filename_path = os.sep.join([dirpath, filename])
            # 将图片加载入 numpy 多维数组中
            faceimage = face_recognition.load_image_file(filename_path)
            # 由于本例每个图片只有一个脸，所以只取索引 0
            face_encoding = face_recognition.face_encodings(faceimage)[0]
            #把该图片的特征数据加入 facelib 数组
            facelib.append(face_encoding)
            #把该图片的文件名，也就是姓名，加入 filenamelib 数组
            filenamelib.append(filename)
    return facelib, filenamelib

def main():
    known_face_encodings,known_face_names = load_img("photos")

    # 将要识别的图片文件加载到 numpy 数组中
    unknown_image = face_recognition.load_image_file("外国人.jpg")

    # 识别图片中所有的人脸位置 (top, right, bottom, left)
    face_locations = face_recognition.face_locations(unknown_image,
                         number_of_times_to_upsample=0, model="cnn")
    #获得每个人脸的特征数据
```

```
    face_encodings = face_recognition.face_encodings(unknown_image, face_locations)

    # 将要识别的图片数据转换为 PIL-format 图片，准备在上面画线
    pil_image = Image.fromarray(unknown_image)
    draw = ImageDraw.Draw(pil_image)

    # 循环对图片中的每个人脸进行识别
    for (top, right, bottom, left), face_encoding in zip(face_locations, face_encodings):
        # 用一个人脸特征数据与每个特定人脸数据进行匹配，结果是一个布尔序列
        matches = face_recognition.compare_faces(known_face_encodings,
                    face_encoding)
        name = "Unknown"  # 识别到的人脸的名字，默认设定为 Unknown

        # 若干匹配结果序列中有 True，取第一个 True
        if True in matches:
            first_match_index = matches.index(True)
            name = known_face_names[first_match_index]

        # 在人脸周围画出矩形
        draw.rectangle(((left, top), (right, bottom)), outline=(0, 0, 255))

        # 人脸下方写出姓名
        font = ImageFont.truetype("simhei.ttf", 40)  # 设置字体

        draw.rectangle(((left, bottom -  10), (right+40, bottom+40)), fill=(0,
        0, 255), outline=(0, 0, 255))
        draw.text((left + 6, bottom - 5), name.replace('.jpg',''), 'white', font)

    # 删除内存中的描绘数据
    del draw

    # 呈现出结果图片
    pil_image.show()

if __name__ == '__main__':
    main()
```

运行结果：如图 11-10 所示。

图 11-10　识别特定人物的输出图片例

当前采用的模型库更多的是基于西方人的，所以对东方人人脸识别率低于西方人的识别率。

11.3 拓展方向

1. 自行学习 Opencv 模块的使用方法，利用 Opencv 模块调用摄像头，对摄像头拍到的人脸进行既定人物识别。

2. 完成一个人脸签到系统：

将既定人脸图片先保存在文件夹中，将每个在摄像头中拍到的人脸，进行既定人物识别，将一定时间段内识别到的人物姓名存盘。

3. 自行整理和全面学习 Face_recognition 库的使用方法。

4. 了解其他人脸识别库的使用方法和特点，对人脸识别的方法有一定的认识。

第12章 数据可视化

数据可视化就是使用图形图表等方式来呈现数据，图形图表能够高效清晰地表达数据包含的信息。数据可视化是数据分析的关键辅助工具。数据可视化在各个领域都得到了广泛的应用，例如，产品销售数据的可视化、统计样本数据可视化、机器学习数据可视化等。

Python 有很多优秀易用的数据可视化库。

本章利用 Matplotlib 的 2D 绘图库来了解 Python 数据可视化的实现。

12.1 相关模块的安装

Matplotlib 是 Python 下的绘图库，可以方便地设计和输出数据的二维和三维的可视化图形，提供了二维坐标、笛卡尔坐标、极坐标、球坐标、三维坐标等坐标系。可以利用 Matplotlib 模块方便地画出散点图、柱状图、饼图、等高线图、热像图、三维曲面图、三维散点图等二维或者三维图形。

安装 Matplotlib 时，会同时下载并安装若干有依赖的库，其中包括 Numpy 库。Numpy 是 Python 下的第三方库，可以方便地处理数组和矩阵运算，针对数组运算提供大量的数学函数库。

Matplotlib 模块的下载与安装操作如下：

①选中当前项目，单击 PyCharm 菜单“File”→“settings”选项，如图 12–1 所示。

②单击右上角“+”按钮，在上端搜索栏中输入“matplotlib”，如图 12–2 所示。

③单击左下角“Install Package”按钮，等待下载安装完成。Matplotlib 及其有依赖的模块即被安装完成，如图 12–3 所示。

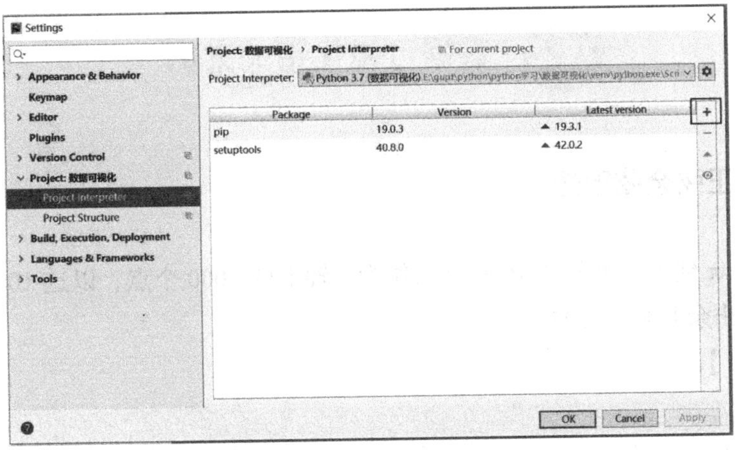

图 12-1　PyCharm 下安装 Matplotlib 模块截图 1

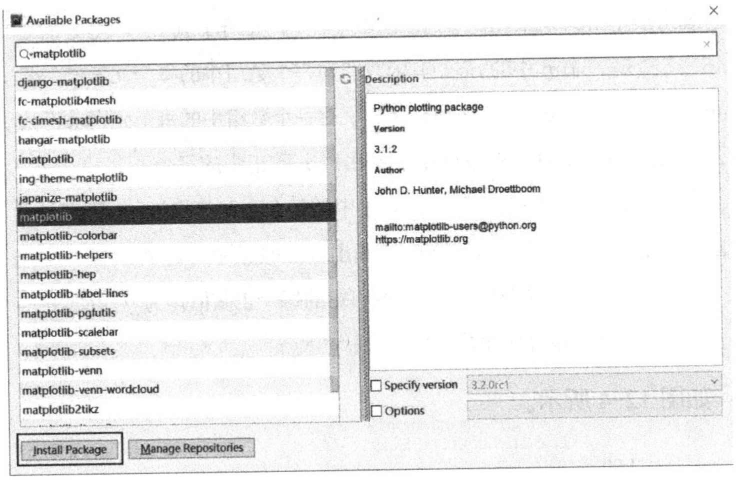

图 12-2　PyCharm 下安装 Matplotlib 模块截图 2

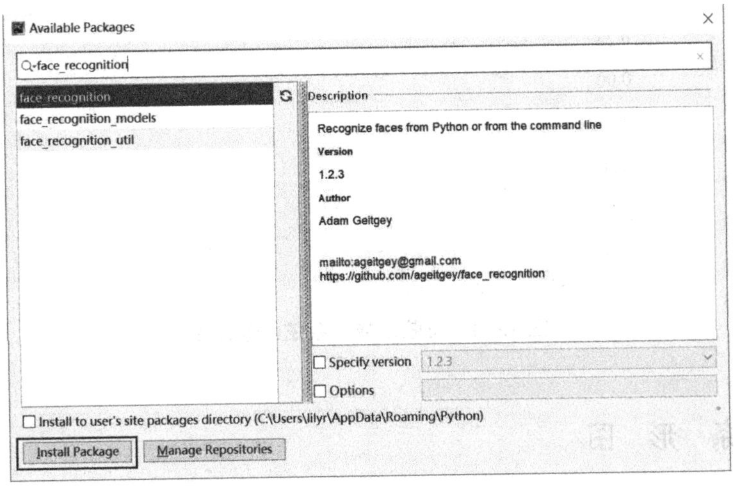

图 12-3　PyCharm 下安装 Matplotlib 模块截图 3

12.2 数据可视化相关案例

12.2.1 正弦余弦图形

需求：从 -π 到 π 取等分的 1000 个点作为 *x* 轴上的 1000 个点，以这 1000 个点的余弦和正弦值，画出余弦和正弦曲线。

【代码 12.1】

```
import numpy as np
import matplotlib.pyplot as mp

x = np.linspace(-np.pi, np.pi, 1000)    # 从 -pi 到 pi 取等分的 1000 个点的数组
cos_x = np.cos(x)   #np 中的 cos() 函数，对一个数组中的每个元素求余弦，结果也是数组
sin_x = np.sin(x)   #np 中的 sin() 函数，对一个数组中的每个元素求正弦，结果也是数组
mp.plot(x, cos_x)   # 在二维平面中，画出以 x 数组中的每个 x
                    # 和对应 cos_x 数组中的每个余弦值作为 y，形成的点，并连接为曲线
mp.plot(x, sin_x)    # 在二维平面中，画出以 x 数组中的每个 x
                     # 和对应 sin_x 数组中的每个正弦值作为 y，形成的点，并连接为曲线
mp.show()          # 将内存中的图显示出来
```

运行结果：如图 12-4 所示。

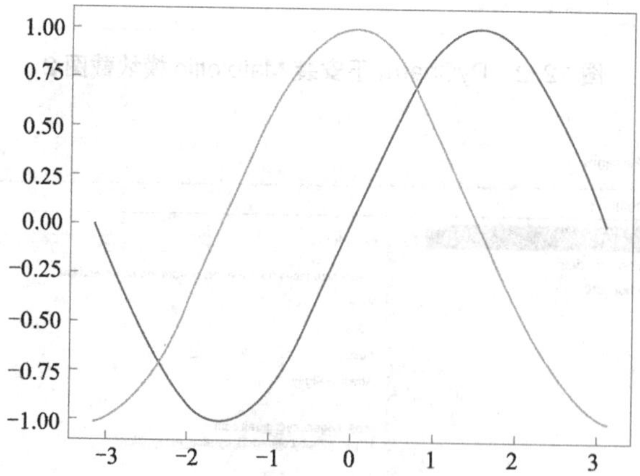

图 12-4　正弦函数、余弦函数曲线

12.2.2 条　形　图

需求：有六个省市的名称和对应的某年 GDP 数值，以省市的名称为 *x* 轴、GDP 数值

为 *y* 轴，绘制垂直条形图。在每个条形上标识相应的数值。

2017 年度 6 个省市 GDP 分布：
北京，上海，广东，江苏，重庆，天津
28，30，90，86，19，19（单位：万亿）

【代码 12.2】

```
import matplotlib.pyplot as plt
# 条形图的绘制——垂直条形图

# 设置绘图风格为 ggplot
plt.style.use('ggplot')

# 通过 rcParams 设置图形的各种属性
# 设置字体为 Microsoft YaHei 用来显示中文
plt.rcParams['font.sans-serif'] = ['Microsoft YaHei']

provinces = ['北京','上海','广东','江苏','重庆','天津']
GDPs = [28,30,90,86,19,19]

# 绘制条形图
plt.bar(x = provinces,          # 指定条形图 x 轴的刻度值
        height = GDPs,          # 指定条形图 y 轴的数值
        fc = 'steelblue'        # 指定条形图的颜色
        )
# 添加 y 轴的标签
plt.ylabel('GDP(万亿)')

# 添加条形图的标题
plt.title('2017 年度 6 个省份 GDP 分布')

# 为每个条形添加数值标签
for x,y in zip(provinces,GDPs):
    plt.text(x,y+0.1,'%s'%y,ha='center')    # 输出位置是(x,y+0.1)，输出内
                                            # 容是 '%s'%y，水平居中对齐
```

```

# 显示图形
plt.show()
```

运行结果：如图 12-5 所示。

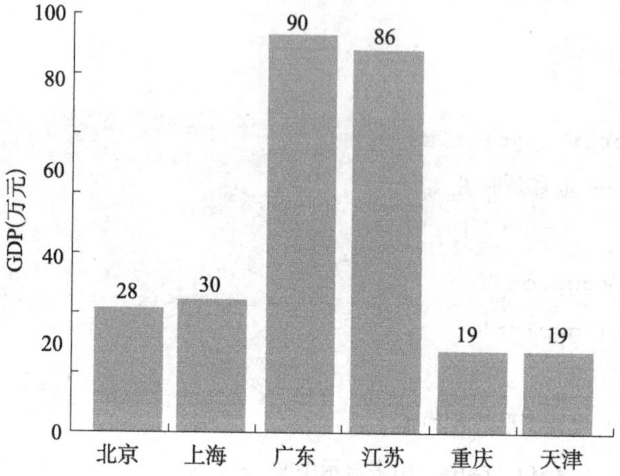

图 12-5 垂直条形图

12.2.3 饼 图

需求：用某次统计的中专、大专、本科、硕士、其他五种学历的失信人占比数据，绘制饼图。每部分标识对应的学历信息，每部分数值采用保留一位小数的百分比格式。

某次统计五种学历的失信人占比数据：
中专，大专，本科，硕士，其他
0.2515，0.3724，0.3336，0.0368，0.0057

【代码 12.3】

```
# 饼图的绘制
# 导入第三方模块
import matplotlib
import matplotlib.pyplot as plt

plt.rcParams['font.sans-serif']=['Simhei']

# 构造数据
```

```
edu = [0.2515,0.3724,0.3336,0.0368,0.0057]
labels = ['中专','大专','本科','硕士','其他']
# 绘制饼图
plt.pie(x = edu,                          # 绘图数据
        labels=labels,                    # 添加教育水平标签
        autopct='%.1f%%'                  # 设置百分比的格式，这里保留一位小数
        )

# 添加图标题
plt.title('失信用户的教育水平分布')
# 显示图形
plt.show()
```

运行结果：如图 12-6 所示。

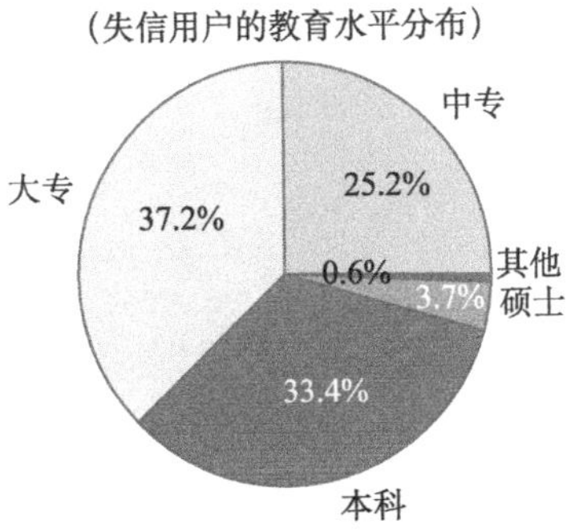

图 12-6　饼图

12.3 拓展方向

1. 了解数据分析的基本工作流程和工作方式。

2. 数据可视化是数据分析的辅助手段。Python 中，和数据分析相关的重要模块有 Numpy、Pandas、Matplotlib 等，学习相关库的内容。

参考文献

1. Eric Matthes. Python 编程：从入门到实践 . 北京：人民邮电出版社，2016.
2. 李金洪 . Python 带我起飞 -- 入门、进阶、商业实战 . 北京：电子工业出版社，2018.
3. 邓英 . Python 3 基础教程 . 北京：人民邮电出版社，2016.